Chemie für Mediziner

- einfach, kompakt, verständlich -

von

Ivaylo Ivanov

Impressum

Bibliografische Information der Deutschen Nationalbibliothek

Die Deutsche Nationalbibliothek verzeichnet diese Publikation in der Deutschen Nationalbibliografie; detaillierte bibliografische Angaben sind im Internet unter `http://dnb.ddb.de` abrufbar. Alle Rechte vorbehalten

Dieses Werk, einschließlich aller seiner Teile, ist urheberrechtlich geschützt. Jede Verwertung außerhalb der engen Grenzen des Urheberrechtsgesetzes ist ohne Zustimmung des Verlages unzulässig und strafbar. Das gilt insbesondere für Vervielfältigungen, Übersetzungen, Mikroverfilmungen, Verfilmungen und die Einspeicherung und Verarbeitung auf DVDs, CD-ROMs, CDs, Videos, in weiteren elektronischen Systemen sowie fr Internet-Plattformen.

©Lehmanns Media GmbH, Berlin 2017
Helmholtzstr. 2-9
10587 Berlin
Umschlag: Bernhard Bönisch

Satz & Layout: LaTeX Ivaylo Ivanov, Köln
Druck und Bindung: Totem • Inowroclaw • Polen
ISBN 978-3-86541-906-4   www.lehmanns.de

Inhaltsverzeichnis

1	Atome und Periodensystem	1
2	Chemische Bindung	13
3	Chemische Summen- und Strukturformeln	25
4	Chemie der Elemente	49
5	Stöchiometrie	63
6	Thermodynamik, Kinetik, chemisches Gleichgewicht	73
7	Säuren und Basen	87
8	Elektrolyte	105
9	Redox	113
10	Komplexe	133
11	Überblick der Organischen Chemie	139
12	Kohlenwasserstoffe	147

13 Alkohole 171

14 Aldehyde und Ketone 187

15 Carbonsäuren 207

16 Amine 223

17 Stereochemie 231

Vorwort

Dieses Lehrbuch ist auf Wunsch der Besucher meines Chemie-für-Mediziner-Tutoriums an der Universität zu Köln entstanden. Sehr oft wurde ich von Studenten nach einer schriftlichen Form meiner Veranstaltung gefragt. Etwas, das die Inhalte auf absolutem Anfänger-Niveau erklärt und alles Schritt für Schritt verständlich erläutert.

Ich wünsche allen Lesern viel Erfolg und Spaß im Medizin-Studium.

Für Anregungen, Kritik und Vorschläge bin ich offen und dankbar.

Ich möchte mich bei KT und meinen Eltern Iliyana und Hristo für die großartige Unterstützung bedanken.

Ivaylo Ivanov, Februar 2017

Kapitel 1

Atome und Periodensystem

Lernziele

- Aufbau und Bestandteile der Atome

- Isotope

- Periodensystem der chemischen Elemente

Atomaufbau und Isotope

Nach dem Atommodell von Rutherford besteht das Atom eines jeden chemischen Elementes aus zwei Bestandteilen, dem Atomkern und der Elektronenhülle:

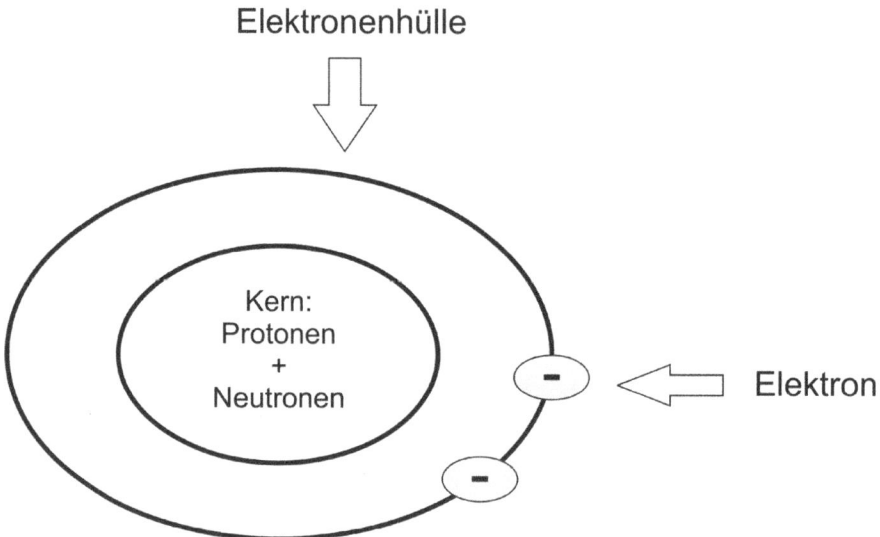

Abb. 1.1 Schematische Darstellung der Struktur eines Atoms (Details s. Text)

Im Kern befinden sich Protonen p^+ und Neutronen n^0. Aus der Schreibweise wird ersichtlich, dass jedes Proton einfach positiv geladen ist und jedes Neutron elektroneutral ist, also keine Ladung trägt. Da folglich der Atomkern aus positiven und elektroneutralen Teilchen besteht, ist er positiv geladen. Die Elektronenhülle besteht wie der Name schon sagt aus Elektronen e^-. Jedes Elektron besitzt eine negative Ladung. Die Elektronenhülle ist demnach als Ganzes negativ geladen.

In der Praxis wird gerne folgende Schreibweise für chemische Elemente benutzt: $^A_Z E$. Unten links steht die jeweilige Ordnungszahl Z (Kernladungszahl). Anhand des Periodensystems der chemischen Elemente (PSE) kann auf diese Weise identifiziert werden, um welches Element es sich handelt. Beispielhaft handelt es sich bei Z = 6 um das Element Kohlenstoff C. Die Ordnungszahl ist gleich der Anzahl der Protonen im Atom des Elementes. Links oben wird die Massenzahl A angegeben. Sie entspricht der Summe der Protonen und Neutronen: $A = p^+ + n^0$. Ist das Atom des jeweiligen Elementes geladen, steht rechts oben die Angabe für die jeweilige Ladung: z.B. +2 oder -3. Geladen ist das Atom, wenn die Anzahl der positiven Teilchen (Protonen) nicht mit der Anzahl der negativen Teilchen (Elektronen) übereinstimmt. Dabei kann lediglich die Anzahl der Elektronen variieren. Das heißt, es können nur Elektronen abgegeben oder aufgenommen werden können, wenn man beim selben Element bleiben möchte. Würde die Anzahl der Protonen geändert, ergäbe sich ein anderes Element, da sich auch die Ordnungszahl (Protonenzahl) ändert.

Klassische Aufgaben zum Thema sehen folgendermaßen aus: Bestimmen Sie die Anzahl der Protonen, Neutronen, Elektronen, die Massenzahl sowie um welches Element es sich handelt für $^{42}_{20}$E. Lösung: Am Einfachsten ist es, wenn man mit der Ordnungszahl anfängt. Sie steht links unten: 20. Anhand PSE ergibt sich für das Element mit Ordnungszahl 20 Calcium Ca. Die Ordnungszahl ist immer gleich der Protonenzahl, also ist letztere gleich 20. Die Formel für die Massenzahl lautet $A = p^+ + n^0$. Da die Massenzahl A links oben angegeben und gleich 42 ist, erhält man für die obige Formel: $42 = 20 + n^0$. Die Anzahl der Neutronen n^0 ist demnach $42 - 20 = 22$. Da nun dieses Ca-Atom keine Ladung trägt (rechts oben steht keine Angabe der Ladung), gilt $p^+ = e^-$. Da $p^+ = 20$ ist, ist die Anzahl der Elektronen ebenfalls 20. Somit ist die Aufgabe gelöst.

Wäre das geladene Atom $^{41}_{19}$E$^+$ (positiv geladen = Kation) und müsste man die Anzahl der Protonen, Neutronen, Elektronen, die Massenzahl sowie das betreffende Element bestimmen, sollte man bei der Berechnung der Elektronen aufpassen. da das Teilchen geladen ist, wird ihre Anzahl nicht mit der der Protonen übereinstimmen! Man fängt wie üblich mit der Ordnungszahl = Protonenzahl an. Sie ist 19 und wird links unten angegeben. Es handelt sich um das Element Kalium. Die Massenzahl (links oben) ist 41 und da $A = p^+ + n^0$, wobei $A = 41$ und $p^+ = 19$ sind, ist $n^0 = 41 - 19 = 22$. Nun muss man aufpassen. Wäre dieses Atom ungeladen (elektroneutral), würde die Elektronenzahl mit der Protonenzahl übereinstimmen, also beides gleich 19 sein. Da aber dieses Kalium-Atom einfach positiv geladen ist (=Kalium-Kation), muss die Anzahl der negativen Ladungen (= Elektronen) um 1 weniger sein als die Anzahl der positiven Ladungen (= Protonen). Da die Protonen = 19 sind, sind e$^-$ = 18. Somit ist das Teilchen einfach positiv geladen, da 19 Protonen (+) und 18 Elektronen (-) insg. +1 ergeben.

An dieser Stelle möchten wir uns ebenfalls mit dem Begriff Isotop beschäftigen. Isotope sind Atome eines chemischen Elementes, die (im Kern) die gleiche Anzahl von Protonen, aber unterschiedliche Anzahl von Neutronen haben und folglich unterschiedliche Massenzahlen besitzen, da A = p$^+$ + n^0. Die Atome z.B. ^{38}K, ^{39}K und ^{40}K sind Isotope. Ihre Protonenzahlen (= Ordnungszahlen) sind gleich (= 19), da es sich bei jedem Atom offenbar um das Element Kalium handelt. Ihre Ordnungszahlen sind allerdings unterschiedlich (38, 39, 40). Dies liegt an der unterschiedlichen Neutronenanzahl in den Atomen. Da es sich bei Isotopen immer um das gleiche Element handelt, haben sie weitgehend ähnliche chemische Eigenschaften. Sie unterscheiden sich aber in ihrer Stabilität. Manche Isotope eines Elementes zerfallen schneller zu anderen chemischen Elementen. Dieser Prozess ist durch radioaktive Strahlung begleitet (s. Lehrbücher der Physik). Isotope werden in der Medizin u. a. bei Krebstherapien angewendet. Dabei werden Krebszellen bestrahlt.

Periodensystem der chemischen Elemente

Bevor man sich den unterschiedlichen chemischen Elementen und Stoffklassen sowie ihren speziellen Eigenschaften widmet, sollte man sich eine Übersicht verschaffen. Dazu dient das Periodensystem der chemischen Elemente (PSE).

Im PSE werden die Elemente nach steigender Ordnungszahl (= Anzahl der Protonen im Atomkern) angeordnet. Demnach ist Wasserstoff das erste chemische Element, weil es im Kern des H-Atoms ein Proton gibt; bei He sind es 2 usw.

Im PSE unterscheidet man zwischen Perioden und Gruppen.

Die Perioden sind die horizontalen Zeilen im PSE. Es gibt insg. 7 Perioden. Jede davon entspricht der jeweiligen Hauptquantenzahl, d.h. Periode = Hauptquantenzahl. Die 1. Periode umfasst nur 2 Elemente, H und He. Alle anderen Perioden (2.-7.) enthalten jeweils 8 Hauptgruppenelemente. Ab der 4. Periode enthält jede zusätzlich zu den 8 Hauptgruppenelementen jeweils 10 Nebengruppenelemente (Übergangsmetalle). Diese Tatsachen muss man natürlich nicht auswendig lernen. In Prüfungen wird üblicherweise ein PSE zur Verfügung gestellt, woraus die Elemente ersichtlich werden.

Unter Gruppen versteht man die Spalten im PSE. Es gibt insg. 18 Gruppen: 8 Hauptgruppen + 10 Nebengruppen. Man kann sich merken, dass die Übergangsmetalle (d-Block) die Nebengruppen des PSE darstellen. Wirft man einen Blick auf das PSE, stellt man fest, dass dies die Gruppen 3-12 sind. Alle anderen Gruppen (1, 2, 13-18) sind Hauptgruppen.

In Gruppen werden Elemente angeordnet, die ähnliche chemische Eigenschaften aufweisen. Diese Gesetzmäßigkeit ist v. a. in den Hauptgruppen vorhanden, z.B. Alkali-Metalle. Es lohnt sich durchaus, sich zu merken, dass die 1. Gruppe Alkali-Metalle und die 2. Gruppe Erdalkali-Metalle genannt werden. Die 17. Gruppe (7. Hauptgruppe) sind die sog. Halogene, die 18. Gruppe (8. Hauptgruppe) sind die Edelgase. Die Bezeichnungen der anderen Hauptgruppen (z. B. Chalkogene für die 16. Gruppe bzw. 6 Hauptgruppe) sind nicht wirklich relevant.

Die Elemente innerhalb einer Gruppe besitzen die gleiche Anzahl an Valenzelektronen und haben aus diesem Grund ähnliche chemische Eigenschaften.

Nun zu ein paar Zusammenhängen, die man direkt am PSE ablesen kann. Sie werden hier kurz aufgeführt. Wichtig ist vor allem, dass man vorhersagen kann, wie sich die jeweiligen Eigenschaften innerhalb einer Gruppe/Periode ändern (und dies argumentiert).

Der **Atomradius** ist eine den Elementen zugeschriebene Größe. Dies liegt daran, dass es aus quantenmechanischen Gründen nicht möglich ist, den Radius zwischen dem Kern und dem äußersten Elektron zu messen. Die Atomradien steigen innerhalb einer Gruppe von oben nach unten. Dies liegt daran, dass die Anzahl der Elektronenschichten von oben nach unten in der Gruppe steigt. Demnach wird der Radius auch größer. Innerhalb einer Periode nehmen die Atomradien von links nach rechts ab. Dies ist darauf zurückzuführen, dass in einer Periode die Anzahl der Protonen, also der positiven Ladung des Kerns, steigt. Somit ziehen sie stärker die negativen Ladungen (die Elektronen) an, was die Radien verkürzt.

Die **Elektronegativität** wird klassischerweise als die Fähigkeit eines Atoms, in einer Verbindung Elektronenpaare an sich heranzuziehen, definiert. Dies erklärt auch den Namen des Begriffs. Die Elektronegativität dient v. a. zum Einschätzen der Polarität einer Verbindung, z. B. H_2O: Je höher der Unterschied der Elektronegativitäten der gebundenen Elemente, desto polarer ist die (Ver-)Bindung. (Dabei wird nicht beachtet, dass im H_2O-Molekül das H-Atom zweifach vorkommt. Man vergleicht also die Elektronegativität eines H-Atoms mit der eines O-Atoms. Diese Annäherung führt zu keinen nennenswerten Abweichungen von der Realität.) Es gibt unterschiedliche Elektronegativitäts-Skalen. Die jeweiligen Werte werden in Tabellen angegeben und müssen keineswegs auswendig gelernt werden. Wichtig ist, dass man sich merkt, dass F das elektronegativste Element ist. Ausgehend von seiner Position im PSE lässt sich leicht herleiten, dass die Elektronegativität in einer Periode von links nach rechts steigt und in einer Gruppe von unten nach oben zunimmt.

Die **Ionisierungsenergie** ist die Energie, die benötigt wird, um von einem (elektroneutralen) Atom oder einem ganzen Molekül ein Elektron zu trennen. Da auf diese Weise das Atom/Molekül geladen bzw. ionisiert wird, nennt man den Begriff Ionisierungsenergie. Nehmen wir ein elektroneutrales (gleiche Anzahl von Protonen und Elektronen) Atom eines chemischen Elementes, z. B.

Ca. Es hat 20 Protonen (Ordnungszahl 20) und 20 Elektronen, die positiven und die negativen Ladungen heben sich also gegenseitig auf. Wird von ihm ein Elektron getrennt, wird das Ca-Atom zu einem Mono-Kation Ca^+, ist also einfach positiv geladen, und hat weiterhin 20 Protonen, aber 19 Elektronen. Da Ca zwei Valenzelektronen hat, besteht nun die Möglichkeit, ein weiteres davon zu trennen. Somit entsteht das Calcium-Dikation Ca^{2+}. Dies ist die zweite Ionisierungsenergie für das Ca-Atom. Sie ist deutlich höher als die erste, da die Protonen in einem Kation zahlreicher als die Elektronen sind und somit die Elektronen stärker anziehen. Die (ersten) Ionisierungsenergie(n) (genau wie die Elektronegativität) steigt innerhalb einer Periode von links nach rechts: Die Anzahl der Protonen im Kern wird in diese Richtung größer und die Elektronen werden stärker angezogen. In einer Gruppe nimmt sie (von oben nach unten) ab, da die Elektronenschalen in den Perioden steigen und somit die Elektronen schwächer von den Protonen angezogen werden. Dieser Zusammenhang ist also ähnlich dem der Elektronegativität.

Unter **Elektronenaffinität** versteht man die Ionisierungsenergie eines Anions. Dies ist also die benötigte Energie, um von einem Anion ein Elektron zu trennen. Die Zusammenhänge im PSE sind identisch mit denen der Ionisierungsenergie.

Allgemein lässt sich sagen, dass die Elektronegativität, die Ionisierungsenergie sowie die Elektronenaffinität innerhalb einer Periode von links nach rechts steigen und innerhalb einer Gruppe von oben nach unten sinken. Die Atomradien verhalten sich umgekehrt.

Elektronenkonfiguration

Zum Abschluss möchten wir uns der Elektronenkonfiguration widmen. Sie dient zur Beschreibung der Elektronenverteilung eines Atoms auf unterschiedliche Energiezustände (Orbitale). (An dieser Stelle werden die Leser um Verständnis dafür gebeten, dass im Lehrbuch auf die Behandlung der vier

Quantenzahlen und des Bohr-Atommodells verzichtet wird. Diesen Stoff kann man sich durch selbstständige Lektüre im Internet beibringen. Außerdem werden hierzu selten Fragen gestellt).

Man unterscheidet zwischen vier Orbitalen (die Wellenfunktion des Elektrons im Raum): s, p, d und f. (Die g- und h-Orbitale lassen wir außer Acht.) Jedes davon kann maximal eine unterschiedliche Anzahl an Elektronen beherbergen: s - 2 Elektronen, p - 6 Elektronen (3x2), d 10 Elektronen (5x2), f - 14 Elektronen (7x2), s.u. graphische Darstellung. Die jeweilige Anzahl an Elektronen im jeweiligen Orbital wird als Potenz angegeben, z. B. p^4, also gibt es im jeweiligen p-Orbital 4 Elektronen.

Was hat das Ganze mit der Elektronenkonfiguration zu tun? Nehmen wir an, wir möchten die Elektronenkonfiguration des Stickstoffs N bestimmen. Dazu muss man erst einmal die Ordnungszahl (anhand des PSE) ermitteln — sie ist 7. Dies ist auch die Protonenzahl (s. o.). Da aber in diesem Atom keine Ladung vorliegt, ist dies auch die Anzahl der Elektronen. Die Frage ist nun: Wie sind diese sieben Elektronen im Atom des Stickstoffs verteilt? Dazu dient die Elektronenkonfiguration.

Generell kann man sich merken, dass die Elektronen folgendermaßen nach Perioden verteilt werden:

1. Periode: 1s
2. Periode: 2s 2p
3. Periode: 3s 3p
4. Periode: 4s 3d 4p
5. Periode: 5s 4d 5p
6. Periode: 6s 4f 5d 6p
7. Periode: 7s 5f 6d

Generell wird lediglich die Elektronenkonfiguration der Elemente bis zur maximal dritten Periode in Klausuren abgefragt, da es v. a. bei den Übergangsmetallen (d-Block des PSE) einige Ausnahmen gibt. Somit muss man sich eigentlich nur die ersten drei bis vier Perioden merken.

Nun zurück zum N-Atom. Da wir insg. 7 Elektronen haben, wird das 1s-Orbital vollständig belegt sein — mit 2 Elektronen — da es maximal so viele Elektronen beherbergen kann. Genauso ist es bei dem 2s-Orbital. Wir haben dann schon 4 von insg. 7 Elektronen bestimmt, müssen uns also noch um 3 Elektronen kümmern. Das p-Orbital kann maximal 6 Elektronen aufnehmen, hier werden wir aber lediglich drei haben, da nur noch so viele übrig sind. Insgesamt: $1s^2\ 2s^2\ 2p^3$. Möchte man das graphisch darstellen, sieht das folgendermaßen aus:

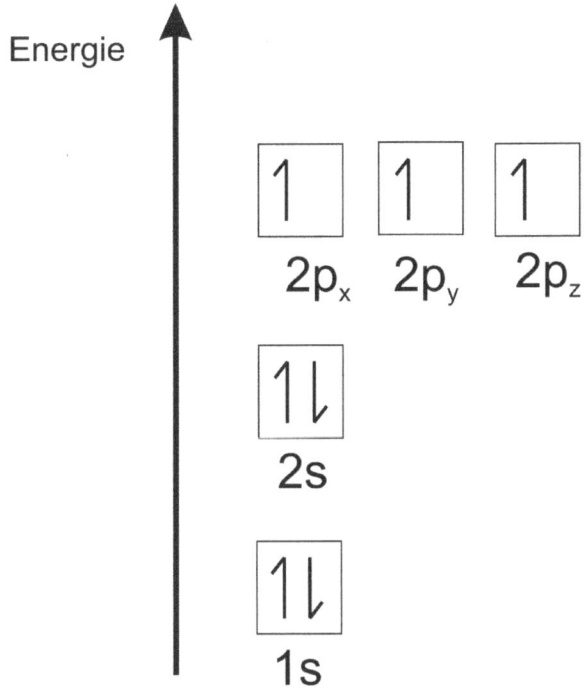

Abb. 1.2 Elektronenkonfiguration des N-Atoms

Was fällt bei Abbildung 1.2 sofort ins Auge? Vom s-Orbital (egal ob 1s oder 2s etc.) gibt es nur einen einzigen Typ. Vom p-Orbital dagegen drei, die werden mit den Indices x, y und z gekennzeichnet. Woher weiß man aber, wie viele Subtypen es von jedem Orbital gibt? Man kann das entweder auswendig lernen oder sich merken, dass sich die Anzahl der Subtypen eines Orbitals daraus ergibt, dass man die maximale Elektronenanzahl für dieses Orbital durch 2 dividiert. Für das s-Orbital gibt es $2/2 = 1$ Subtypen, für das p-Orbital $6/2 = 3$ Subtypen, für das d-Orbital $10/2 = 5$ Subtypen, für das f-Orbital $14/2 = 7$ Subtypen. Warum ist das so? Dies hat mit dem Pauli-Verbot zu tun. Es besagt klassicherweise (und es gibt neuere quantenmechanische Definitionen, die für uns unwichtig sind), dass keine Elektronen in einem Atom in allen vier Quantenzahlen übereinstimmen dürfen. Was heißt das für jeden Orbitalsubtyp? In jedem Orbitalsubtyp (z. B. $2p_x$, s. Abb. o.) dürfen sich maximal zwei Elektronen aufhalten. Die beiden Elektronen stimmen in allen Quantenzahlen (außer in der Spinquantenzahl) überein. Deswegen ist ein Elektron nach oben, das andere nach unten gerichtet. Würde man jetzt einfach ein drittes Elektron zu diesem Subtyp „addieren", wäre es entweder *nach unten* oder *nach oben* gerichtet und würde somit in allen vier Quantenzahlen mit einem der beiden anderen Elektronen übereinstimmen. Laut dem Pauli-Verbot ist dies aber ausgeschlossen, deswegen maximal zwei Elektronen in einem Orbitalsubtyp. Nachdem man sich dieser Tatsache bewusst wurde, kann man sich leicht herleiten, dass z.B. das d-Orbital, welches maximal 10 beherbergen kann, aus insg. 5 Subtypen besteht, da ja jeder Subtyp 2 Elektronen haben darf. Denn 10 durch 2 ist 5.

Was fällt bei Abbildung 1.2 noch ins Auge? Ersichtlich ist, dass die Subtypen des p-Orbitals ($2p_x$, $2p_y$, $2p_z$) erst einmal einzeln mit Elektronen gleichen Spins besetzt werden. Erst wenn jeder Subtyp mit einem Elektron besetzt worden ist, werden sie mit einem zweiten Elektron besetzt. Dies gilt natürlich nicht nur für das p-Orbital, sondern auch für die d- und f-Orbitale. Dieses Gesetz nennt man Hundsche-Regel. (Spin ist ein Charakteristikum der Elektronen und Gegenstand der Quantenmechanik. Man kann sich natürlich im

Kapitel 1. Atome und Periodensystem

Internet ausführlich informieren, für die chemischen Zwecke muss man sich aber Folgendes merken: Wenn zwei Elektronen unterschiedliche Spins haben, sind sie graphisch unterschiedlich gerichtet eins nach oben, eins nach unten; haben sie dagegen gleiche Spins, stehen beide nach unten oder nach oben.)

Zur Übung könnt ihr nun die Elektronenkonfiguration eines Sauerstoff-Atoms formulieren und eure Arbeit mit der folgenden Lösung kontrollieren:

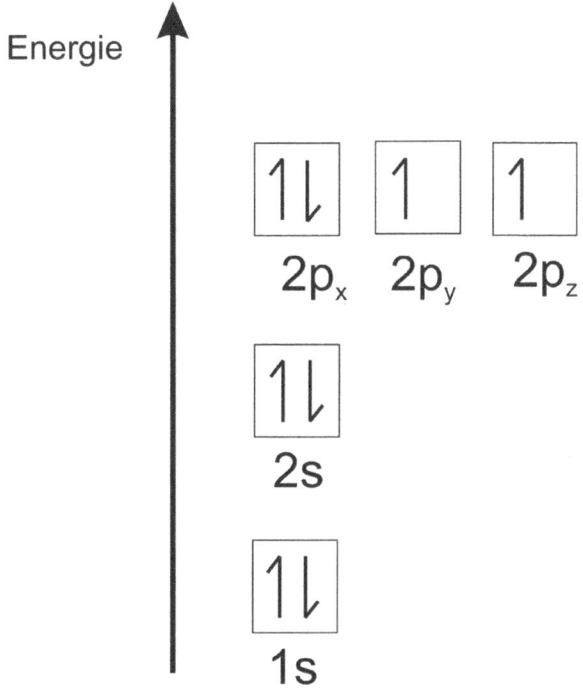

Abb. 1.3 Elektronenkonfiguration des O-Atoms

Vielen von euch mag der Text v. a. zur Elektronenkonfiguration wie nach dem „Kochbuch-Prinzip" verfasst vorkommen. Stimmt, aber diese Methode soll dem einfacheren Verständnis dienen. Sich mit den absoluten Grundlagen zu beschäftigen, würde in solch einem Buch zu weit führen. Denn zum einen würde man so etwas nicht in einer Mediziner-Prüfung abfragen, zum anderen braucht man dafür ausführlichere mathematische Kenntnisse.

Kapitel 2

Chemische Bindung

Lernziele

- Bindungstypen (u.a. kovalent, ionisch) in Verbindungen

Zum Thema *Chemische Bindung* können primär nicht so viele Aufgaben gestellt werden, im Unterschied z. B. zu Bereichen wie pH oder Redox. Trotzdem ist dies ein essenzielles Thema für das Verständnis der Struktur der Verbindungen und sehr wichtig, wenn man sich z. B. Strukturformeln herleiten (Kapitel *Chemische Summen- und Strukturformeln*) möchte, ohne sie auswendig zu lernen. Außerdem spielen die unterschiedlichen Bindungsarten im menschlichen Körper eine große Rolle bei der Stabilisierung von Proteinen, sodass es sich durchaus lohnt, die chemischen Bindungen näher kennenzulernen. Es gibt unterschiedliche Arten chemischer Bindungen. Sie werden im Folgenden erläutert.

Kovalente Bindung

Beginnen wir mit der einfachsten Bindung, der kovalenten Bindung. Sie wird noch Atom- oder Elektronenpaarbindung genannt. Diese Bezeichnungen erklären sich vom Aufbau. Kovalente Bindung tritt zwischen **Nicht-Metall-Atomen** auf.

Nehmen wir als einfaches Beispiel das Chlor-Molekül Cl_2. Im Elementarzustand ist Chlor gasförmig und ein diatomares (= aus zwei Atomen bestehendes) Molekül (*dasselbe gilt übrigens für alle anderen Halogene (Elemente der 7. Hauptgruppe): F_2, Cl_2, Br_2, I_2*). Da im Cl_2-Molekül offenbar nur Nicht-Metall-Atome vorkommen (zwei Cl-Atome), handelt es sich um eine kovalente Bindung. Wie kommt sie zustande? Jedes der beiden im Chlor-Molekül vorhandenen Atome hat 7 Außenelektronen, da Chlor in der 7. Hauptgruppe steht. 6 von den 7 Außenelektronen sind gepaart, d. h. es gibt 3 freie Elektronenpaare (lone pairs, als Striche zu sehen) und ein ungepaartes, einzelnes Elektron:

$$|\overline{\underline{Cl}}|\cdot \quad + \quad \cdot\overline{\underline{Cl}}| \quad \longrightarrow \quad |\overline{\underline{Cl}}-\overline{\underline{Cl}}|$$

Indem sich die beiden freien Elektronen vereinen, entsteht eine Bindung zwischen den beiden Cl-Atomen. Der Strich dazwischen symbolisiert die beiden gepaarten Elektronen. Prinzipiell könnte man dies ebenfalls mit der Kügelchen-Schreibweise darstellen, die Striche haben sich aber eingebürgert und sehen etwas übersichtlicher aus. An dieser Stelle merkt man sich also: Ein Strich zwischen zwei Atomen heißt eine kovalente Bindung zwischen diesen Atomen, die durch zwei gepaarte Elektronen entstanden ist. Im CO_2-Molekül gibt es zwischen dem C- und jedem der beiden O-Atome jeweils 2 Striche, was natürlich für zwei Doppelbindungen steht: $O = C = O$. Eine Dreifachbindung stellt man als drei Striche dar, z. B. im N_2-Molekül: $|N \equiv N|$.

Man unterscheidet zwischen nicht polarisierter („idealisierter") kovalenter Bindung und polarisierter kovalenter Bindung. Die Begriffe „polarisiert"/„nicht polarisiert" beziehen sich auf den Unterschied der Elektronegativitäten der Elemente in der kovalenten Verbindung. Einfacher ausgedrückt: Wenn im (kovalenten) Molekül Atome **eines und desselben** Elementes vorhanden sind,

z. B. Cl_2, N_2, O_3, S_8 etc., handelt es sich um eine **nicht** polarisierte kovalente Bindung, da der Unterschied der Elektronegativitäten der beteiligten Atome gleich null ist, weil es sich bei den Bindungspartnern um dasselbe Element handelt. Kommen im (kovalenten) Molekül unterschiedliche Elemente vor, wie z.B. in HCl, SO_2, CH_4 etc., handelt es sich um eine polarisierte kovalente Bindung, da der Unterschied der Elektronegativitäten der beteiligten Atome ungleich 0 ist.

An dieser Stelle fragt man sich häufig, welche anderen Elemente (außer der Halogene, s.o.) im Elementarzustand diatomar vorliegen? Dies sind die Gase Stickstoff N_2, Sauerstoff O_2, Wasserstoff H_2. Möchte man nun erklären, warum dies so ist, muss man das anhand des Bindungsordnungsprinzips machen. Da aber dieses für Mediziner nicht relevant ist, empfehle ich, die wenigen Beispiele auswendig zu lernen. Elementarschwefel liegt übrigens als S_8 vor — eine Tatsache, die ebenfalls wissenswert ist. Bei all diesen Beispielen handelt es sich, wie eben erklärt, um kovalente nicht polarisierte Bindungen.

Prinzipiell könnte man nun das Thema „Kovalente Bindung" abschließen, da man hierbei v. a. kovalente (Ver-)Bindungen erkennen und erklären (polarisiert?/nicht polarisiert?) muss. Im Folgenden wird noch auf Feinheiten eingegangen, die das Lernen mit Sicherheit erleichtern werden. Ziel dieses Kapitels ist es, **nicht** zu lernen, wie man sich Summenformeln herleiten kann, damit man sie nicht auswendig zu lernen braucht. Dies ist Gegenstand des Kapitels *Chemische Summen- und Strukturformeln*. Trotzdem möchten wir uns mit ein paar kovalenten Beispielen beschäftigen, da man somit viel leichter mit dem Stoff umgehen kann.

Beginnen wir mit der Verteilung der Elektronen. Die Elemente der ersten beiden Hauptgruppen sind weniger relevant, da es sich um klassische Metalle handelt und Metalle prinzipiell keine kovalenten (sondern ionische, s. u.) Bindungen eingehen. (*Der Wasserstoff zählt zwar zur 1. Hauptgruppe, ist aber kein Alkali-Metall, sondern ein Nicht-Metall. Das H-Atom hat ein einzelnes*

Elektron.)

Bei den Elementen der 3. Hauptgruppe (z. B. B) sind die drei Außenelektronen einzeln verteilt. Es werden bei diesen Elementen generell drei einfache Bindungen eingegangen und es gibt keine Besonderheiten, z. B. bei BCl₃:

$$\begin{array}{c} |\overline{\underline{Cl}}| \\ | \\ |\overline{\underline{Cl}}\diagdown B \diagdown \overline{\underline{Cl}}| \end{array}$$

Aus der 4. Hauptgruppe ist das C-Atom relevant. Es hat 4 Außenelektronen, die meistens als vier einzelne (Ausnahmen s. Organische Chemie → Doppel- und Dreifachbindungen) Elektronen verteilt sind — wie z. B. in CH₄, welches Gegenstand der Organik ist. Das C-Atom ist speziell und in Bezug auf die Anorganik solltet ihr v. a. seine beiden Oxide CO und CO₂, die Kohlensäure H₂CO₃ und ihre Salze Carbonate und Hydrogencarbonate kennen.

Aus der 5. Hauptgruppe ist v. a. der Stickstoff N relevant. Er hat 5 Außenelektronen, verteilt als 1 freies Elektronenpaar (lone pair) und 3 einzelne Elektronen:

Der Stickstoff hat demnach normalerweise drei Bindungen (da er mit jedem der drei Elektronen eine Bindung eingeht), kann aber maximal 4 Bindungen eingehen, wenn er zur Ausbildung der vierten Bindung sein lone pair benutzt, z. B. im Ammonium-Ion:

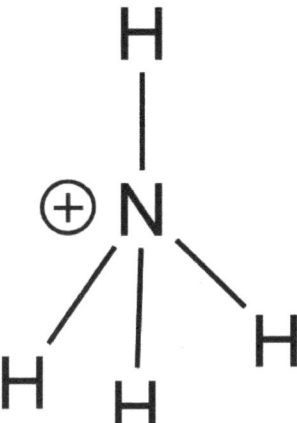

Da das lone pair als solches „verloren geht" und in eine „echte" Bindung überführt wird, wird das N-Atom positiv geladen. Der Grund dafür ist, dass das N-Atom dann 4 Elektronen (anstelle von 5) hat, also eines zu wenig.

Aus der 6. Hauptgruppe ist O relevant (S auch, im Kapitel „*Chemische Summen- und Strukturformeln*" behandelt), mit 6 Außenelektronen. Der Sauerstoff hat zwei freie Elektronenpaare sowie zwei einzelne Elektronen, bildet demnach normalerweise zwei Bindungen aus:

Wenn dem O-Atom eine Bindung fehlt und nur 1 Bindung bzw. 7 (anstelle von 6) Elektronen hat, ist es einfach negativ geladen. Maximal kann der Sauerstoff 3 Bindungen ausbilden, dafür benutzt er eines seiner lone pairs und wird einfach positiv geladen, wie z.B. im Oxoniumion-Ion:

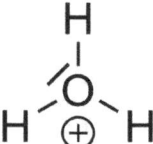

Die Elemente der 7. Hauptgruppe haben 7 Außenelektronen, die generell als 3 Elektronenpaare und ein einzelnes Elektron verteilt sind:

$|\overline{\underline{Cl}}\,\cdot$

Hier bilden z. B. die Halogenoxosäuren (s. Kapitel *Chemische Summen- und Strukturformeln*) eine Ausnahme.

Man kann sich also zur Elektronenverteilung grob merken, dass bis zur 4. Hauptgruppe die Elektronen einzeln vorliegen. In der 5. Hauptgruppe gibt es 1 Elektronenpaar und 3 einzelne Elektronen, in der 6. Hauptgruppe 2 Elektronenpaare und 2 einzelne Elektronen, in der 7. Hauptgruppe 3 Elektronenpaare und 1 einzelnes Elektron. Von dieser '„Regel" gibt es eine Reihe Ausnahmen.

Wie kann man nun diese Informationen in Aufgaben benutzen? Hier schauen wir uns zwei Beispiele an. Weiterführende Informationen findet ihr im Kapitel *Chemische Summen- und Strukturformeln*.

Wie sieht die Strukturformel von Ozon O_3 aus? Man sollte mit dem Grundaufbau eines O-Atoms anfangen. O ist in der 6. Hauptgruppe, d.h. 6 Außenelektronen, also 2 Elektronenpaare und 2 einzelne Elektronen:

Wenn man ein zweites Atom zeichnet, entsteht zwischen den beiden Atomen eine Doppelbindung, da jedes davon zwei einzelne Elektronen besitzt:

Kapitel 2. Chemische Bindung

$$|\overline{\underline{O}}\cdot \quad + \quad \cdot\overline{\underline{O}}| \quad \longrightarrow \quad |\overline{O}=\overline{O}|$$

Nun hat man aber das O$_2$-Molekül, nicht O$_3$. Demnach muss noch ein O-Atom benutzt werden. Jetzt muss man etwas „kombinativ" denken. Das eine O-Atom kann eins seiner beiden Elektronenpaare benutzen, um an das dritte (neue) O-Atom zu binden. Es verliert somit ein Elektronenpaar und wird einfach positiv geladen. Da aber andererseits das „neue" O-Atom lediglich eine Bindung hat (und nicht, wie üblich, zwei), wird es einfach negativ geladen:

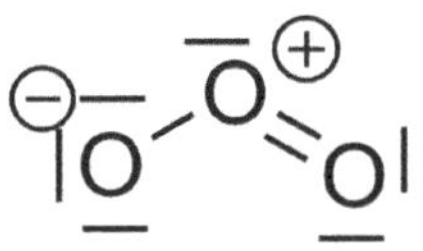

$$\overset{\ominus}{|\underline{O}}{-}\overset{\overline{O}^{\oplus}}{}{\diagdown}\underline{O}|$$

Im gesamten Molekül hat man eine positive und eine negative Ladung, ist also nach außen elektroneutral. Das stimmt mit der Summenformel O$_3$ überein.

Aufgabe: Zeichnen Sie die Strukturformel von Stickstoffmonoxid NO?

Lösung

Man fängt damit an, die beiden Atome zu zeichnen: O hat 2 Elektronenpaare und 2 einzelne Elektronen, N hat 1 Elektronenpaar und 3 einzelne Elektronen:

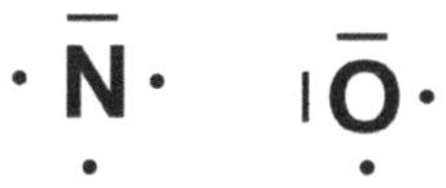

$$\cdot\overline{\underset{\cdot}{N}}\cdot \qquad |\overline{\underset{\cdot}{O}}\cdot$$

Zwischen den beiden Atomen entsteht eine Doppelbindung, denn das

19

O-Atom benutzt seine beiden einzelnen Elektronen, das N-Atom zwei (von drei):

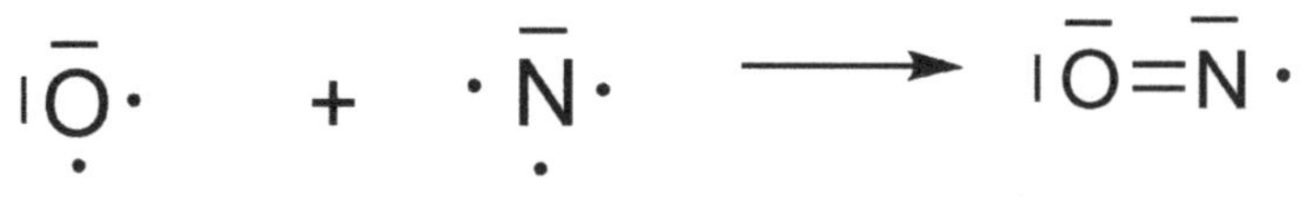

$$|\overline{\underline{O}}\cdot \quad + \quad \cdot \overline{\underline{N}}\cdot \quad \longrightarrow \quad |\overline{O}=\overline{N}\cdot$$

Man merkt, dass im NO-Molekül das N-Atom ein einzelnes Elektron hat, das ungepaart ist. Deswegen sagt man, dass NO ein Radikal ist — es hat ein einzelnes, ungepaartes Elektron (näheres zu Radikalen in der Organik).

Natürlich tendiert man am Anfang dazu, die Formeln dieser Verbindungen im Internet nachzuschauen und einfach auswendig zu lernen. Daran ist im Prinzip nichts falsch, allerdings wird das Lernen einfacher, wenn man sich die Formeln herleitet und nicht lediglich visuell einprägt.

Ein Subtyp der kovalenten Bindung ist die sog. koordinative Bindung (Donator-Akzeptor-Bindung). Schauen wir uns die Reaktion von Ammoniak mit Wasser an:

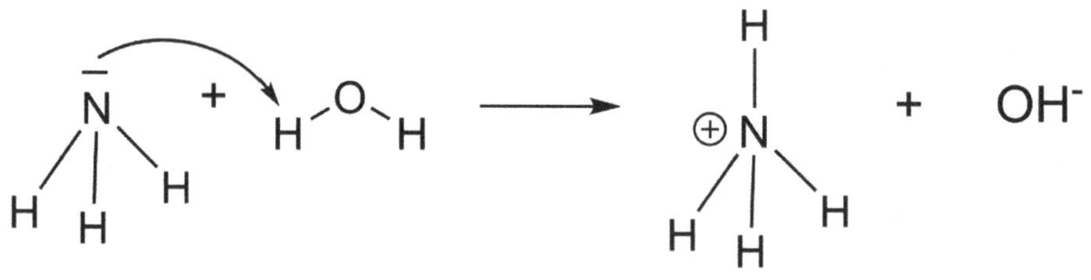

Das Stickstoff-Atom benutzt sein Elektronenpaar (lone pair), um das H-Atom des Wassers zu binden. Somit entsteht eine neue Bindung, nämlich diejenige zwischen dem N-Atom und dem H-Atom, womit ein Ammonium-Ion NH_4^+ gebildet wird. Bei dieser neuen Bindung handelt es sich eigentlich um das Elektronenpaar des N-Atoms, also kommen die beiden Elektronen dieser Bindung ausschließlich von einem der beiden beteiligten Atome, in diesem Beispiel vom N-Atom. (*Prinzipiell kommt aber ein Elektron der beiden der neuen Bindung von dem einen Atom und eins von dem anderen Atom.*) Dies nennt man koordinative Bindung, denn beide Elektronen der neuen Bindung kommen nur von einem der beteiligten Atome. Eine andere Bezeichnung dafür lautet Donator-Akzeptor-Bindung, da der Reaktionspartner mit dem Elektronenpaar (bei uns NH_3) sein Elektronenpaar doniert (zur Verfügung stellt), der Reaktionspartner ohne Elektronen (bei uns H vom Wasser) akzeptiert es.

Die koordinative Bindung ist an sich wichtig (für Komplexe → s. Kapitel *Komplexe*), aber für die medizinischen Klausuren von untergeordneter Bedeutung. Es ist völlig ausreichend, sie kurz beschreiben und erkennen zu können.

Ionische Bindung

Die ionische Bindung beruht, wie der Name schon sagt, auf der elektrostatischen Anziehung zwischen positiven (Kationen) und negativen (Anionen) Ionen. Man darf sich die ionische Bindung nicht als völlig unterschiedliches zur kovalenten Bindung vorstellen. Denn das ist sie auch nicht. Die ionische Bindung ist stark polarisierte kovalente Bindung. Wenn der Elektronegativitätenunterschied der Elemente größer als 1,7 ist, spricht man nicht mehr von kovalenter polarisierter, sondern von ionischer Bindung.

Wie erkennt man ionische Verbindungen? Indem man darauf achtet, dass in der jeweiligen Verbindung ein Metall und (mindestens) ein Nicht-Metall vorhanden sind! Typische Beispiele sind z.B. NaCl (Kochsalz), CaO, KI etc. (*Streng genommen gibt es hier Ausnahmen wie z. B. den Fluorwasserstoff HF, denn der Elektronegativitätenunterschied der beiden Elemente H und F ist ca. 1,9, also höher als 1,7, weswegen die Bindung ionisch wäre. Da aber beide Elemente H und F Nicht-Metalle sind, könnte man meinen, es handelt sich um eine kovalente Verbindung. Um noch korrekter zu sein: Es kommt auf den*

Aggregatzustand von HF an. HF ist unter Standardbedingungen gasförmig und erst in wässriger Lösung ionisch.)

Ionische Verbindungen unterscheiden sich von kovalenten, indem sie:

- einen höheren Schmelz- und Siedepunkt haben, aufgrund der starken Bindungskräfte im Kristallgitter ihrer Moleküle;
- in Wasser/Schmelze zu ihren Kationen und Anionen dissoziieren (s. Kapitel *Elektrolyte*);
- Strom in Wasser leiten, da sie aus Ionen bestehen.

Aufgabe: Welche der folgenden Verbindungen haben ionische, welche kovalente Bindungen? Sind die kovalenten Bindungen polarisiert oder nicht polarisiert?
$CaSO_4$, H_2, NaH, $C_6H_{12}O_6$ (Glucose, Traubenzucker), S_8, ClO_2.

Lösung: Ionisch: $CaSO_4$, NaH (Metall + Nicht-Metall(e))
Kovalent polarisiert: $C_6H_{12}O_6$, ClO_2 (unterschiedliche Nicht-Metalle)
Kovalent nicht polarisiert: H_2, S_8 (jeweils qualitativ ein Nicht-Metall im Molekül)

Wasserstoffbrückenbindung

Jetzt haben wir die beiden wichtigsten Arten von chemischen Bindungen (kovalent und ionisch) kennengelernt. Nun schauen wir uns die Wasserstoff-Bindung an. Eine Anmerkung vorab: Es handelt sich hierbei um keine kovalente Bindung, sondern um schwache anziehende Wechselwirkungen (in dem Sinne auch keine echte Bindung, trotz des Namens) zwischen zwei Molekülen. In einem Molekül („Molekül 1") gibt es ein polar gebundenes H-Atom. Dieses wird durch das Elektronenpaar (lone pair) eines elektronegativen Elementes (v. a. O und N) eines zweiten Moleküls („Molekül 2") angezogen:

```
HO—R    Molekül 1
 ⋮
  O̅
H⁄ ⁀H    Molekül 2
```

In „Molekül 1" ist das H-Atom „polar gebunden", da es an einem anderen, elektronegativen Element sitzt. Am häufigsten ist dies Sauerstoff (seltener Stickstoff), wie bei unserem Beispiel.

Die Wasserstoffbrückenbindungen spielen v. a. in der Organischen Chemie eine wesentliche Rolle. Dort werden sie bei den jeweiligen Stoffklassen noch einmal behandelt. Hier geht es nur um den prinzipiellen Aufbau und ihre Wirkung.

Die Wasserstoffbrückenbindungen sind ziemlich schwach. Sie sind trotzdem im menschlichen Organismus sehr wichtig, z. B. bei der Stabilisierung von Proteinen (sekundäre Struktur → Biochemie), da sie sehr zahlreich sind und durch ihre große Anzahl die Stabilität von Strukturen ermöglichen, obwohl sie an sich keine starken Bindungen darstellen. Somit können sie leicht aufgelöst und wiederhergestellt werden, was die molekulare Plastizität und eine feine Regulation ermöglicht.

Andere Bindungstypen

Proteine können außerdem durch die schwächsten Wechselwirkungen, die sog. Van-der-Waals-Kräfte, stabilisiert werden. Es handelt es sich hierbei um Wechselwirkungen zwischen lipophilen (hydrophoben, also wasserabstoßenden) Bereichen eines Proteins. Darauf gehen wir nicht näher ein, da dieser

Aspekt Gegenstand der Biochemie ist.

Auch auf die metallische Bindung gehen wir nicht ausführlich ein. Sie tritt in Metallen aufgrund der beweglichen Elektronen auf. Es ist naheliegend, dass die Bindung in einem Na-Atom metallisch ist, da es sich um ein Metall-Atom handelt.

Kapitel 3

Chemische Summen- und Strukturformeln

Lernziele

- Summen- und Strukturformeln von anorganischen Verbindungen

- wichtige Verbindungen von Elementen nach Gruppen

Bevor wir uns den weiteren Themen der Allgemeinen und Anorganischen Chemie widmen, wie z. B. Stöchiometrie, pH, Redox, ist es an dieser Stelle wichtig, einmal zu erklären, wie sich die anorganischen chemischen Verbindungen zusammensetzen.

Die **Summenformel** einer Verbindung (z. B. für Kaliumoxid K_2O) zeigt an, welche Elemente in einer Verbindung vorkommen (die Elemente Kalium K und Sauerstoff O) und wie viele Atome von jedem Element sich genau in der Verbindung befinden (zwei Kalium-Atome und ein Sauerstoff-Atom in der Verbindung Kaliumoxid K_2O).

Am Anfang des Chemiekurses wirkt es oft recht verwirrend, sich die Summenformel einer Verbindung herzuleiten. Das verleitet dazu, diese einfach auswendig zu lernen. Dies ist nicht nur unnötig, sondern meistens auch ziemlich „gefährlich", denn häufig vertut man sich: z. B. K_2O (Kaliumoxid) hat nichts mit K_2O_2 (Kaliumperoxid) zu tun, obwohl anscheinend lediglich ein zusätzliches Sauerstoff-Atom in der zweiten Verbindung vorkommt. Das Thema ist eigentlich sehr überschaubar und wenn man sich mit den allgemeinen Regeln vertraut gemacht hat, ergeben die Formeln Sinn.

Summenformeln binärer Verbindungen

Am Anfang möchten wir uns mit den Summenformeln von binären Verbindungen auseinandersetzen. „Binär" bedeutet, dass die jeweilige Verbindung aus **zwei unterschiedlichen** Elementen besteht. Ein Beispiel hierfür ist das Kaliumoxid K_2O, weil es eben aus den beiden Elementen Kalium und Sauerstoff besteht. Aber auch Aluminiumsulfid, Chlorwasserstoff, Calciumiodid, etc. sind binäre Verbindungen, weil sie aus zwei unterschiedlichen Elementen bestehen.

Ganz allgemein kann man eine binäre Verbindung so darstellen: A_mB_n. A und B sind die jeweiligen Elemente, die Indices m und n stehen für die Anzahl der Atome des Elements, die in der Verbindung vorhanden sind. Die Frage, die man sich nun stellt, ist: Woher weiß man, wie viele Atome der Elemente in der Verbindung vorhanden sind bzw. wie sieht die Summenformel der Verbindung aus?

Nehmen wir als Beispiel das Aluminiumsulfid. Wir möchten seine Summenformel ermitteln. Hierfür kann man ein einfaches Schema benutzen:

1. Elemente

Zuerst muss man sich überlegen, welche Elemente in der Verbindung vorkommen. Dies wird aus dem Namen ersichtlich. Also: Aluminium Al und Schwefel S.

Kapitel 3. Chemische Summen- und Strukturformeln

2. Wertigkeit

- für die Elemente der 1.-4. Hauptgruppen des Periodensystems gilt: Wertigkeit = Gruppe

- für die Elemente der 5.-7. Hauptgruppen des Periodensystems gilt: Wertigkeit = 8 - Gruppe

Für unser Beispiel erhalten wir:

- Al (3. Hauptgruppe), also Wertigkeit = 3

- S (6. Hauptgruppe), also Wertigkeit = 8 - 6 = 2

3. Kleinstes gemeinsames Vielfaches der Wertigkeiten

Als Nächstes bildet man das kleinste gemeinsame Vielfache (kgV) der beiden Wertigkeiten. Das kgV von unseren Wertigkeiten (3,2) ist 6.

4. Anzahl der Atome

Zuletzt müssen wir die Anzahl der Atome von jedem Element in der Verbindung ermitteln. Hierbei dividieren wir für jedes der beiden Elemente das kgV durch die Wertigkeit des Elements. Bei unserem Beispiel sieht das folgendermaßen aus:

Anzahl Al-Atome = kgV / Wertigkeit (Al) = 6 / 3 = 2 Al-Atome

Anzahl S-Atome = kgV / Wertigkeit (S) = 6 / 2 = 3 S-Atome

Das heißt also, dass die Summenformel des Aluminiumsulfids Al_2S_3 lautet.

Wenn man sich dieses einfache Schema gut eingeprägt hat, werden die Summenformeln vieler Verbindungen auf einmal logisch.

Frage: Wie lauten die Summenformeln folgender Verbindungen?
   a) Natriumiodid
   b) Calciumbromid

> c) Iodwasserstoff

> **Lösung**
>   a) NaI
>   b) CaBr$_2$
>   c) HI

Beim Iodwasserstoff gibt es eine kleine, jedoch wichtige Besonderheit. Zwar lautet der Name Iodwasserstoff, in der Summenformel wird aber an erster Stelle das H-Atom geschrieben, nicht das I-Atom. Dies liegt daran, dass man normalerweise mit dem positiven Teil des Moleküls anfängt, in diesem Beispiel Wasserstoff. Das Gleiche gilt übrigens für alle Halogen-Wasserstoff-Verbindungen: Fluorwasserstoff (Flusssäure als wässrige Lösung), Chlorwasserstoff (Salzsäure als wässrige Lösung) etc.

Woher weiß man aber, welcher Teil (H oder I) der positive(re) ist? Kleine Erinnerung an den Aufbau des Periodensystems: Innerhalb einer Periode (d.h. von links nach rechts) werden die Elemente elektronegativer, also „weniger positiv" bzw. „mehr negativ". Wenn wir uns die Positionen der beiden Elemente H und I im Periodensystem vor Augen führen, stellen wir fest, dass H in der 1. Hauptgruppe (ganz links, d.h. sehr „positiv") und I in der 7. Hauptgruppe (rechts, d.h. sehr „negativ") stehen. Also ist das H-Atom eindeutig der (teilweise) positive Teil des Moleküls Iodwasserstoff. Und somit fängt man mit ihm in der Summenformel an: HI. Das gleiche Prinzip gilt bei den anderen Verbindungen, die wir genannt haben, z. B. Kaliumoxid.

Widmen wir uns einem neuen Beispiel: Bestimmen Sie die Summenformel des Eisen(II)-chlorids. Hier können wir wieder unser Schema benutzen. Bei Punkt 2 (Bestimmung der Wertigkeiten der Elemente) stoßen wir aber auf ein Problem. Fe steht steht in keiner Hauptgruppe, sondern in einer Nebengruppe. Somit können wir seine „Wertigkeit" nicht wie üblich bestimmen. Deswegen:

Kapitel 3. Chemische Summen- und Strukturformeln

Für die Elemente der Nebengruppen gilt i. A.: Die „Wertigkeit" (hier: gleich Oxidationsstufe, s. Kapitel *Redox*) des Elements einer Nebengruppe wird im Namen der jeweiligen Verbindung in Klammern angegeben.

Beim „Eisen(**II**)chlorid" haben wir also **2** als Wertigkeit des Eisens. Im Kupfer(I)-chlorid wäre Cu einwertig, was eigentlich ziemlich instabil, aber trotzdem möglich ist. Man muss sich also bezüglich der Wertigkeiten der Nebengruppenelemente im Hinblick auf das angewandte Schema nicht viel mehr merken — lediglich, dass diese einfach im Namen als Zahl in Klammern angegeben wird. Dies ist auf die Möglichkeit der Nebengruppenelemente zurückzuführen, mehrere „Wertigkeiten" (eigentlich Oxidationsstufen, wird im Kapitel *Redox* behandelt) aufzuweisen, z. B. bei Fe II und III (*und auch VI in H_2FeO_4, ist aber im Medizinstudium praktisch nicht relevant*), bei Cu I und II etc. Man kann sich grob merken, dass die höchste „Wertigkeit" (Oxidationsstufe) die stabilste ist. Das heißt also, dass Kupfer(II)-Verbindungen stabiler sind als die Verbindungen des einwertigen Kupfers. Fe(II)-Verbindungen werden im Laufe der Zeit an der Luft zu Verbindungen des dreiwertigen Eisens oxidiert, da Fe(III) stabiler ist. So wird z. B. der grüne Niederschlag aus $Fe(OH)_2$ schnell rot-braun, weil $Fe(OH)_3$ entsteht. Aber dies gilt nicht immer: Einwertiges Silber ist deutlich stabiler als Ag(II).

Praktischer Tipp: Es lohnt, sich zu merken, dass die Nebengruppenelemente Zn und Cd eine einzige (und nicht mehrere wie üblich für Nebengruppenelemente) „Wertigkeit" (Oxidationsstufe) in ihren Verbindungen aufweisen: II. Beide befinden sich in der 2. Nebengruppe, so kann man sich diese Tatsache leichter herleiten. Bei Hg (auch 2. Nebengruppe) ist dies aber anders — da ist sowohl I als auch II möglich!

Zum Schluss möchten wir auf einen weiteren wichtigen Aspekt eingehen. Obwohl die Elemente der ersten drei Hauptgruppen des Periodensystems konstante Wertigkeiten aufweisen (I, II bzw. III, zur Bestimmung s. Schema oben), können die meisten Elemente der 4., 5., 6. und 7. Hauptgruppen unterschiedliche „Wertigkeiten" aufweisen: z. B. bei C (4. Hauptgruppe), N (4. Hauptgruppe), S (6. Hauptgruppe), Cl (7. Hauptgruppe). Somit kann z. B. der Kohlenstoff in Verbindung mit Sauerstoff zwei „Wertigkeiten" aufweisen: 2 und 4. Demnach ergeben sich zwei unterschiedliche Kohlenstoff-Sauerstoff-Verbindungen mit den Summenformeln CO für Kohlenstoff(mon)oxid (Wertigkeit 2 des Kohlenstoffs) und CO_2 für Kohlenstoffdioxid (Wertigkeit 4 des Kohlenstoffs). Hier wird — genau wie bei den Nebengruppenelementen — die gemeinte Wertigkeit des jeweiligen Elements (falls es mehrere aufweisen kann) in Klammern nach seinem Namen innerhalb des Namens der ganzen Verbindung angegeben. Dann kann man mühelos wie bisher die Summenformel herleiten. Das heißt also, dass der Name Schwefel(IV)oxid kenntlich macht, dass Schwefel in der Verbindung vierwertig ist und folglich die Summenformel SO_2 lautet.

Frage: Wie lauten die Summenformeln folgender Verbindungen?

a) Stickstoff(I)oxid b) Stickstoff(II)oxid c) Stickstoff(III)oxid d) Stickstoff(IV)oxid e) Stickstoff(V)oxid

Lösung: a) N_2O b) NO c) N_2O_3 d) NO_2 e) N_2O_5

Strukturformeln binärer Verbindungen

Nun haben wir alles gesagt, was man zur Bestimmung der Summenformeln binärer anorganischer Verbindungen behalten und verstehen müsste, um sich einiges leichter erklären zu künen. Jetzt möchten wir uns mit deren Strukturformeln auseinandersetzen.

Anfangen werden wir allerdings nicht mit allen binären Verbindungen, sondern erst einmal nur mit den **ionischen** binären Verbindungen. Ionisch heißt, dass die jeweilige Verbindung aus zwei Ionen Besteht: einem Kation und einem Anion. Woher weiß man aber, welche Verbindung ionisch ist bzw. aus

Ionen besteht? Eine Verbindung, die aus einem Metall und (mindestens) einem Nicht-Metall besteht, ist eine ionische binäre Verbindung. So kann man sie sofort erkennen. (Näheres dazu + Ausnahmen: s. Kapitel *Chemische Bindung*.)

Jetzt kommen wir zur Aufstellung der Strukturformeln von ionischen binären Verbindungen. Nehmen wir wieder das Aluminiumsulfid Al_2S_3 als Beispiel. Hierfür möchten wir wieder ein einfaches Schema benutzen (vergl. Text und die Abbildungen zu jedem Punkt):

1. Elemente getrennt aufschreiben

Al   S

Bei unserem Beispiel schreiben wir also Al und S getrennt auf. Man beachte, dass wir rein qualitativ die beiden enthaltenen Elemente aufschreiben, ohne die Anzahl der Atome von jedem davon zu beachten (hier **keine** Indices wie in der Summenformel)!

2. Ladung (**qualitativ**) über jedes Element (Atom) aufschreiben

Nun möchten wir über jedes Element seine Ladung (qualitativ) notieren. Die Ladung quali-tativ bestimmen heißt, dass wir lediglich zwischen einer positiven und einer negativen Ladung unterscheiden müssen. Die quantitativen Aspekte (wie vielfach positiv/negativ) interessiert uns jetzt nicht.

Um die Ladung richtig zu bestimmen, muss man sich folgendes merken:

- Metalle sind in Verbindungen immer positiv geladen, also Kationen.

- Nicht-Metalle können in Verbindungen sowohl positiv (Kationen) als auch negativ (Anio-nen) geladen sein, sind aber in binären ionischen Verbindungen immer negativ geladen.

Für unser Beispiel heißt es also eindeutig, dass Al (Metall) das Kation sein wird (positive Ladung), der S (Nicht-Metall) das Anion (negative Ladung).

$$Al^+ \qquad S^-$$

3. Ladung (quantitativ) über jedes Element (Atom) aufschreiben
Jetzt überlegt man sich, wie vielfach positiv bzw. negativ das Kation bzw. Anion geladen ist. Hierfür benutzt man einfach die Oxidationsstufe des jeweiligen Elementes (zu ihrer Bestimmung s. Kapitel *Redox*).

Für Al haben wir also die Oxidationsstufe +III, für S die Oxidationsstufe -II. Das tragen wir auch ins Bild ein. Es ist an dieser Stelle üblicher, die arabischen Zahlen zu benutzen. Bei Ladungen beginnt man immer mit der Zahl, das Zeichen (Plus/Minus) kommt danach.

$$Al^{3+} \qquad S^{2-}$$

Fertig! Die Summenformel der ionischen binären Verbindung ist schon aufgestellt. An dieser Stelle stellen sich häufig folgende zwei, durchaus berechtigte Fragen:

1. Muss man nicht irgendwie kennzeichnen, dass das Al-Atom zweimal vorkommt und das S-Atom dreimal?

Antwort: Nein, dies braucht man nicht unbedingt zu machen. Die korrekte Anzahl der Atome jedes in der Verbindung vorhandenen Elementes wird aus der **Summen**formel ersichtlich. Sie und nicht die Strukturformel dient primär dazu!

Wenn man aber ganz präzise sein möchte, kann man Folgendes machen: Die Anzahl der Atome von jedem Element darf in der Strukturformel **vor** dem Element notiert werden. An dieser Stelle muss ganz klar unterschieden werden, dass hier **nicht** wie in der Summenformel die Anzahl der Atome als Index rechts unten stehen darf!

2. Muss man die zwei Teilchen (Kation und Anion) nicht mit Strichen miteinander verbinden? So habe ich das zumindest in den meisten Strukturformeln gesehen...

Antwort: Nein, das wäre bei ionischen Verbindungen falsch. Die Valenzstri-

Kapitel 3. Chemische Summen- und Strukturformeln

che werden bei kovalenten Verbindungen benutzt. Darauf wird später in diesem Kapitel eingegangen. Hier eine (lustige) Merkhilfe: Das Plus- und Minus-Ion lieben (ziehen) sich so stark (an), dass dazwischen gar kein freier Raum für einen Valenzstrich bleibt!

Frage: 1. Wie lauten die Strukturformeln folgender Verbindungen?
  a) Natriumiodid
  b) Kaliumbromid
  c) Iodwasserstoff?

Vorsicht! Es geht jetzt lediglich um die Strukturformeln von binären ionischen Verbindungen.
  d) Gibt es unter den Verbindungen solche, die nicht ionisch sind? Falls ja, warum?

Falls ihr die Strukturformeln der nicht-ionischen Verbindungen nicht aufstellen könnt, keine Sorge: Darauf gehen wir später genauer ein.

---

a) Na^+I^- b) K^+Br^- c) nicht ionisch d) ja, HI - zwei Nicht-Metalle

---

Summen- und Strukturformeln weiterer Verbindungen

Jetzt widmen wir uns den ternären und quaternären Verbindungen. Sie bestehen aus drei (ternär) bzw. vier (quaternär) Elementen. Typische Beispiele für ternäre Verbindungen sind: Na_2SO_4 und viele anorganische Säuren wie z.B. H_2SO_4, H_2SO_3, H_3PO_4, H_3PO_3 etc. Quaternäre Verbindungen bestehen aus vier unterschiedlichen Elementen — z. B. NH_4NO_3, $NaHCO_3$. Wie lassen sich die Summen und Strukturformeln von ternären und quaternären Verbindungen herleiten? Hierzu teilen wir sie in ein paar Untergruppen ein.

> **Bemerkung:** Für die weiteren Überlegungen ist es vollkommen egal, ob es sich um eine ternäre oder quaternäre Verbindung handelt. Deswegen möchten wir ab dieser Stelle nicht mehr danach unterscheiden. Wichtig sind lediglich die jeweiligen Untergruppen — z.B. Säuren, Laugen, etc.

Laugen

Unter einer Lauge (alkalischen Lösung) versteht man in der Anorganischen Chemie die wässrige Lösung von (einem) Metallhydroxid(en). Sie besteht also aus Metallkationen und Hydroxidanionen OH^-. Typische Beispiele für starke Laugen sind die Natronlauge NaOH und die Kalilauge KOH. Sie zählen zu den Alkalihydroxiden, denn Na und K gehören zu den Alkali-Metallen. Da die Metall-Ionen positiv (Kationen) und die Hydroxid-Anionen negativ geladen sind, sind alle Laugen ionische Verbindungen.

Nun kommen wir zu den Summenformeln. Als Beispiel nehmen wir das Kupfer(II)-hydroxid. Wir benutzen erneut das bekannte Schema wie beim Aluminiumsulfid (s. o.):

1. Elemente *(eher Bestandteile, denn streng genommen ist OH^- kein Element, sondern ein Ion, aber es wird als eine Einheit betrachtet)*: Cu, OH^-

2. Wertigkeiten: II für Cu (Cu Nebengruppenmetall, Wertigkeit im Namen angegeben), I für OH^- (wird von der Ladung ersichtlich: OH^-)

3. kgV der Wertigkeiten: (2,1) = 2

4. Anzahl der beiden Bestandteile ermitteln

Anzahl (Bestandteil) = kgV / Wertigkeit (Bestandteil)

für Cu = kgV / Wertigkeit (Cu) = 2/2 = 1

für OH = kgV / Wertigkeit (OH^-) = 2/1 = 2

Also: $Cu(OH)_2$

In Bezug auf die Strukturformeln muss man einfach das schon benutzte

Schema (s. Aluminiumsulfid) anwenden. Da Laugen naturgemäßionische Verbindungen sind, gibt es hierbei eigentlich nichts Neues, so z. B. bei NaOH:

1. Bestandteile aufschreiben

Na   OH

2. Ladungen qualitativ bestimmen

Na ist ein Metall und deshalb in der Verbindung positiv geladen. Die Hydroxidionen sind negativ geladen. Also:

Na^+ OH^-

3. Ladungen quantitativ bestimmen

Die Wertigkeit/Oxidationsstufe des Natriums ist I, da in der 1. Hauptgruppe. Die Hydroxidionen sind einfach negativ geladen.

Na^+ OH^-

Säuren

Dieses Kapitel beschäftigt sich nicht mit den unterschiedlichen Theorien für den Begriff „Säure". An dieser Stelle reicht es vollkommen aus, wenn man sich als Säure die Verbindung zwischen einem Wasserstoff-Kation und einem Anion vorstellt: allgemein geschrieben HA. Man unterscheidet zwei Fälle in Bezug auf das Anion A:

Fall 1. Das Anion A kann „einfach" sein, d.h. aus einem einzigen Nicht-Metall bestehen, z.B. A = F^-, Cl^-, Br^-, I^-, S_2^- usw. Somit ergeben sich in wässriger Lösung die Halogenwasserstoff-Säuren HF, HCl, HBr und HI, sowie das giftige, nach faulen Eiern riechende Gas H_2S.

Fall 2. Das Anion A kann „komplex" sein, d. h. aus wenigstens zwei Nichtmetallen bestehen. Hierbei geht es um die sogenannte Oxo-Säuren. Ihre Anionen bestehen in jedem Fall aus Sauerstoff (Oxo) und noch einem Nicht-Metall. Typische fr solche Anionen sind das Carbonat CO_3^{2-}, Phosphat PO_4^{3-}, Sulfat SO_4^{2-}, etc.

Wie erstellt man die Summen- und die Strukturformeln von Säuren?

Säuren mit einfachen Anionen (s. o. Fall 1.)

Summenformeln: Es handelt sich hier um eine ganz normale binäre Verbindung (aus Wasserstoff und einem Nicht-Metall). Somit kann man problemlos das schon bekannte Schema dafür benutzen (s. Schema zur Summenformel von Aluminiumsulfid).

Als Beispiel wählen wir den **Schwefelwasserstoff**.

1. Elemente

H   S

2. Wertigkeit der Elemente

H: 1 (1. Hauptgruppe)

S: 2 (da in der 6. Hauptgruppe, also Wertigkeit = 8 - Gruppe = 8 - 6 = 2)

3. kgV der Wertigkeiten kgV (1,2) = 2

4. Anzahl der Atome jedes Elements in der Verbindung

Anzahl H-Atome = kgV / Wertigkeit (H) = 2 / 1 = 2 H-Atome

Anzahl S-Atome = kgV / Wertigkeit (S) = 2 / 2 = 1 S-Atom

Also: H_2S

Strukturformeln: Bei den Halogenwasserstoff-Säuren (HF, HCl, HBr, HI) besteht zwischen dem Wasserstoff- und dem Halogenatom eine **einfache kovalente polarisierte** Bindung:

1) einfach, denn das Wasserstoff-Atom hat sowieso lediglich ein Elektron in seiner Elektronkonfiguration, welches dann bevorzugt eine Bindung mit dem freien Elektron des Halogenatoms eingeht. Diese zwei Elektronen (eins von H und eins vom Halogen) verbinden sich miteinander, wodurch eine Bindung zwischen den beiden Atomen entsteht. Übrigens: Das neu gebildete H-Halogen-Molekül hat somit insg. 8 Außenelektronen (7 vom Halogen-Atom und 1 vom H-Atom) und ist stabil: Stichwort Oktettregel.

2) kovalent ist die Bindung, weil sie zwischen zwei Nicht-Metallen erfolgt.

3) die Bindung ist polarisiert, weil sie zwischen zwei unterschiedlichen

Nicht-Metallen (H und Halogen) erfolgt. Somit ist z. B. die chemische Bindung im Cl_2-Molekül zwar wieder kovalent (zwei Nicht-Metall-Atome), nicht aber polarisiert, sondern apolar, denn sie erfolgt zwischen zwei Atomen eines chemischen Elementes.

Die Strukturformel sieht also so aus: H-Hal (Hal = Halogenatom, d. h. F, Cl, Br, I)

Als wichtigen Vertreter der Säuren mit „einfachen" Anionen haben wir den Schwefelwasserstoff H_2S genannt (siehe Erklärungen zu Fall 1). In Bezug auf die Strukturformel muss man die Elektronenkonfiguration des Schwefels beachten (s. Kapitel *Chemische Bindung*). Das S-Atom besitzt im Grundzustand zwei freie Elektronen. Das passt auch wunderbar mit der Tatsache zusammen, dass im Molekül zwei H-Atome vorhanden sein sollen (Summenformel H_2S). Jedes von den beiden H-Atomen bildet mit seinem Elektron jeweils eine einfache kovalente polare Bindung mit einem der insg. zwei freien Elektronen des Schwefel-Atoms aus.

$$H\cdot \; + \; \cdot\overline{\underline{S}}\cdot \; + \; \cdot H \; \longrightarrow \; H^{\diagdown}\overline{\underline{S}}^{\diagdown}H$$

Säuren mit komplexen Anionen (s. o. Fall 2)

Leider kann man sich die Summenformeln nicht herleiten. Zum Glück sind es aber nur wenige Beispiele, die man auswendig lernen müsste (s. u.). Bevor wir sie aufzählen, möchten wir uns eine wichtige Tatsache klar machen: Klassischerweise wird eine Säure dadurch beschrieben, dass sie die Fähigkeit besitzt, in wässriger Umgebung zu dissoziieren, wobei Wasserstoff-Kationen (Protonen) sowie das jeweilige Anion freigesetzt werden. Für das Verständnis dieses Themas ist es ausreichend, uns lediglich die Gesamtdissoziation in Hinblick auf die Summen- und Strukturformeln anzuschauen. (Für die stufenweise

Dissoziation sowie Hydrogensalze, Oxoniumionen, etc. s. Kapitel *Säuren und Basen.*) Allgemein sieht es folgendermaßen aus:

$$H_yA \rightleftharpoons yH^+ + A^{y-}$$

Oder mit einem konkreten Beispiel:
$$H_2SO_4 \rightleftharpoons 2\,H^+ + SO_4^{2-}$$

Aus diesen Gleichungen werden drei Tatsachen ersichtlich:

1) Bei der Dissoziation einer Säure mit „komplexem Anion" entstehen Protonen (Wasserstoff-Kationen) und das komplexe Anion, also die beiden Bestandteile der Säure.

2) Die Anzahl der freigesetzten Protonen(äquivalente) ist gleich der Anzahl der im Molekül vorhandenen Wasserstoff-Atome. Bei H_2SO_4 werden demnach $2\,H^+$ freigesetzt. Dies gehorcht dem Massenerhaltungsgesetz, denn wir müssen auf den beiden Seiten der Gleichung die gleiche Anzahl von Atomen haben. Was also links steht, muss auch rechts herauskommen.

3) Beim Anion muss man auf die Ladung achten. Seine Ladung muss qualitativ gesehen immer negativ sein, denn sonst wäre es kein Anion. Zur quantitativen Bestimmung (wie vielfach negativ?) gilt, dass die Anzahl der Wasserstoffatome im Molekül gleich der Anzahl der negativen Ladungen des Anions sind. Das SO_4^{2-} Anion ist also zweifach negativ geladen, weil es in der Summenformel H_2SO_4 2 H-Atome gibt.

Nun, wozu Dissoziation? Es ist sehr wichtig, dass man sich nicht nur die Summenformeln und die Namen der Säuren (z.B. Schwefelsäure H_2SO_4) einprägt, sondern auch die Namen der gebildeten Anionen (mit korrekter Ladung). Die Anionen sind beim nächsten Punkt (Salze) essenziell, wenn man sich z. B. die Summen- und Strukturformel des Calcium**phosphat** herleiten möchte.

Kapitel 3. Chemische Summen- und Strukturformeln

Hier werden die **vollständigen** Dissoziationen der wichtigsten anorganischen Säuren aufgelistet, sowie die Namen der Säure und des gebildeten Anions.

$H_2SO_4 \rightleftharpoons 2\,H^+ + SO_4^{2-}$

Schwefelsäure H_2SO_4 bildet das **Sulfat**(-Anion) SO_4^{2-}.

$H_2SO_3 \rightleftharpoons 2\,H^+ + SO_3^{2-}$

Schweflige Säure H_2SO_3 bildet das **Sulfit**(-Anion) SO_3^{2-}.

$H_2S \rightleftharpoons 2\,H^+ + S^{2-}$

Schwefelwasserstoff H_2S bildet das **Sulfid**(-Anion) S^{2-}.

$H_3PO_4 \rightleftharpoons 3\,H^+ + PO_4^{3-}$

Phosphorsäure H_3PO_4 bildet das **Phosphat**(-Anion) PO_4^{3-}.

$H_3PO_3 \rightleftharpoons 3\,H^+ + PO_3^{3-}$

Phosphorige Säure H_3PO_3 bildet das **Phospit**(-Anion) PO_3^{2-}.

$HNO_3 \rightleftharpoons H^+ + NO_3^-$

Salpetersäure HNO_3 bildet das **Nitrat**(-Anion) NO_3^-.

$HNO_2 \rightleftharpoons H^+ + NO_2^-$

Salpetrige Säure HNO_2 bildet das **Nitrit**(-Anion) NO_2^-.

$H_2CO_3 \rightleftharpoons 2\,H^+ + CO_3^{2-}$

Kohlensäure H_2CO_3 bildet das **Carbonat**(-Anion) CO_3^{2-}.

Merkhilfe: Die „-igen" Säuren (Schweflige- etc.) enthalten immer ein O-Atom weniger als die „normalen" Säuren (Schwefel-, Phosphor-, Salpetersäure).

Strukturformeln

Als Beispiel wollen wir uns die Strukturformel der Phosphorsäure herleiten. Hierfür möchten wir folgendes Schema benutzen (vergl. Text und Bilder zu den Schritten):

1. Summenformel der Säure aufschreiben

H_3PO_4

Diesen Punkt benutzen wir später, um zu überprüfen, was uns noch von der Summenformel für die Strukturformel fehlt.

2. Zentralelement

Das Zentralelement (aus dem Namen ersichtlich — „Phosphorsäure") wird bestimmt und dann mittig im Bild positioniert. Bei unserem Beispiel ist P offenbar das Zentralelement.

3. Protonigkeit der Säure bestimmen

Protonigkeit bedeutet, einfach ausgedrückt: Wieviele H-Atome gibt es im Molekül? Im H_3PO_4-Molekül sind es offenbar 3. Die Zahl der Protonigkeit bedeutet für uns automatisch, dass genau so viele OH-Gruppen direkt am Zentralelement sitzen, in unserem Beispiel sind das 3 OH-Gruppen, die direkt am Zentralelement sitzen. Vorläufig ergibt sich:

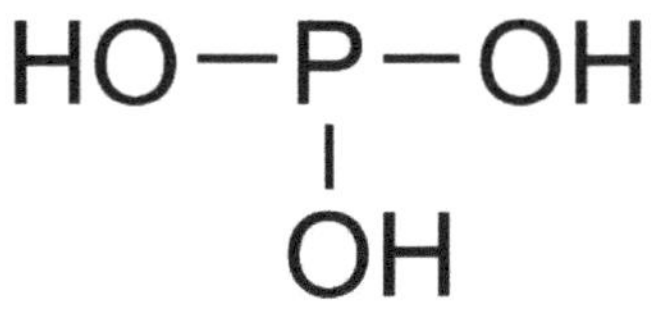

$$HO-P-OH$$
$$|$$
$$OH$$

4. Oxidationsstufe des Zentralelements bestimmen

(Die Regeln zur Bestimmung von Oxidationsstufen werden im Kapitel *Redox* behandelt.) Die Oxidationsstufe von P in H_3PO_4 ist +5. Die Oxidationsstufe des Zentralelements gibt an, wie viele Bindungen insg. das Zentralelement ausbildet (s. u., Ausnahme: Salpetersäure). Also wird das Phosphor in dieser Verbindung insg. 5 Bindungen ausbilden. Bisher bestehen drei Bindungen zu

Kapitel 3. Chemische Summen- und Strukturformeln

jeweils einer OH-Gruppe.

<u>5. Was fehlt noch</u>

Es ist an dieser Stelle sinnvoll, sich die Summenformel H_3PO_4 der Verbindung vor Augen zu führen und schon einmal zu überlegen, ob alle Atome von der Summenformel in der Strukturformel (Zeichnung) vorhanden sind.

Wir haben bereits die drei H-Atome, das eine P-Atom sowie 3 von insg. 4 O-Atomen berüecksichtigt. Das heißt, dass uns lediglich ein O-Atom in der Strukturformel fehlt. In Bezug auf die Anzahl der Bindungen des Zentralelements merkt man, dass bisher drei vorhanden sind, wobei es insg. 5 (wegen der Oxidationsstufe, s. o.) sein müssen. Nun versucht man, die „fehlenden" Bestandteile (Atome, Bindungen) sinnvoll miteinander zu kombinieren. Wenn uns 2 Bindungen und 1 O-Atom fehlen, merkt man sofort, dass dies durchaus Sinn ergibt, denn das fehlende O-Atom bildet eine Doppelbindung zum P-Atom aus.

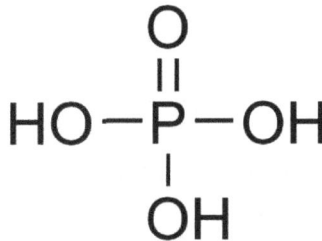

Ausnahme: Salpetersäure-Strukturformel

<u>1. Summenformel der Säure aufschreiben</u>

HNO_3

<u>2. Zentralelement</u>

N

<u>3. „Protonigkeit" der Säure bestimmen</u>

1 H, d.h. 1 OH-Gruppe sitzt direkt am N-Atom

4. Oxidationsstufe des Zentralelements bestimmen

Die Oxidationsstufe von N in HNO_3 ist +5, aber trotzdem bildet das N-Atom niemals 5 Bindungen aus. Deshalb haben wir es hier mit einer Ausnahme zu tun. N bildet normalerweise aufgrund seiner Elektronenkonfiguration drei Bindungen aus (s. Kapitel *Chemische Bindung*), weil er drei freie Elektronen hat. Maximal darf das N-Atom vier Bindungen ausbilden (dann aber mit einer positiven Ladung, wie z. B. im Ammoniumion NH_4^+).

5. Was fehlt noch?

Es fehlen noch 2 Sauerstoffatome und 2 bzw. 3 Bindungen, je nachdem, ob das N-Atom in der Verbindung drei- oder vierbindig sein soll.

Sollte das N-Atom insg. lediglich drei Bindungen ausbilden, kommt man auf kein sinnvolles Ergebnis, denn so müsste jedes der beiden fehlenden O-Atome mit jeweils einer einfachen Bindung an das N-Atom binden und dafür einfach negativ geladen sein. Das ergäbe eine zweifach negative Ladung des ganzen Moleküls nach außen hin, was ein Widerspruch zur Summenformel HNO_3 ist, denn HNO_3 trägt offenbar gar keine negative Ladung!

Daraus folgt, dass das N-Atom in dieser Verbindung vierbindig sein muss. Dann trägt es schon einmal wegen der zusätzlichen, vierten Bindung (bzw. 4 anstelle von 5 Elektronen) eine positive Ladung. Jetzt muss man sich überlegen, wie man die beiden fehlenden Sauerstoff-Atome sowie die drei fehlenden Bindungen sinnvoll kombinieren kann, damit die Verbindung nach außen hin elektroneutral ist. Das eine O-Atom kann eine Doppelbindung ausbilden, für das andere bleibt lediglich die Möglichkeit, einbindig (dafür mit einer negativen Ladung) an das N-Atom zu binden. Ladungstechnisch ist die Struktur ebenfalls ausgeglichen, denn die negative Ladung des einen O-Atoms gleicht sich mit der positiven Ladung des N-Atoms aus, + und - ergibt 0 und somit ist die Struktur nach außen elektroneutral.

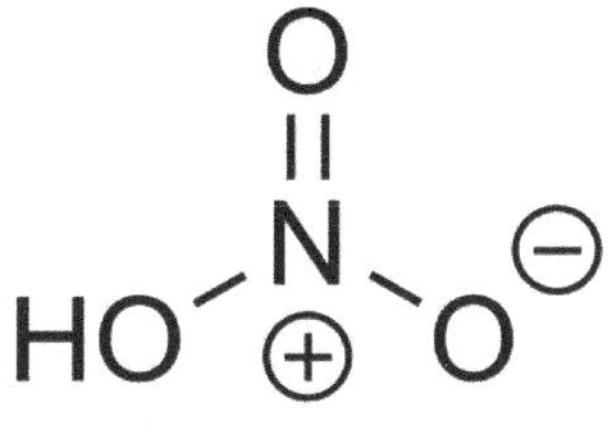

Kapitel 3. Chemische Summen- und Strukturformeln

$$\text{HO}-\underset{\oplus}{\overset{\overset{\displaystyle O}{\|}}{N}}-\overset{\ominus}{O}$$

Aufgabe: Zur Übung könnt ihr euch nun die Strukturformeln der Kohlensäure und der schwefligen Säure herleiten.

Lösung

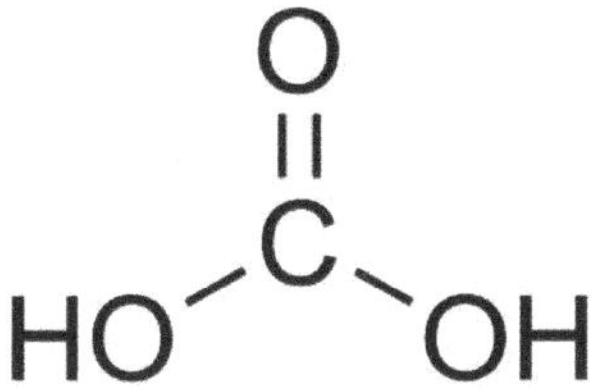

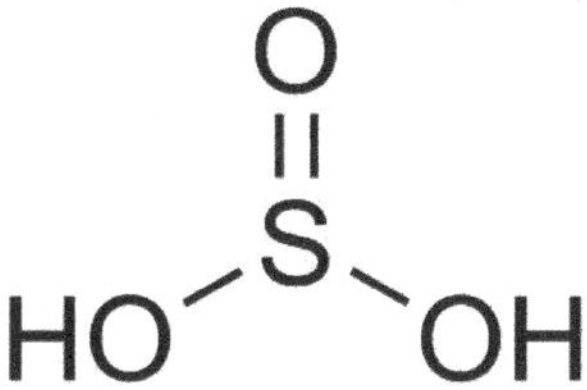

$$\text{HO}-\overset{\overset{\displaystyle O}{\|}}{C}-\text{OH} \qquad \text{HO}-\overset{\overset{\displaystyle O}{\|}}{S}-\text{OH}$$

Salze

Salze sind ionische Verbindungen. Sie bestehen aus einem Metall-Kation (oder Ammonium-Ion NH_4^+) und einem Anion. In diesem Kapitel behandeln wir lediglich die Herleitung von Summen- und Strukturformeln von Salzen, nicht jedoch deren Synthese oder chemischen Eigenschaften. Je nachdem, ob das Anion einfach (aus einem Nicht-Metall bestehend) oder komplex (aus wenigstens zwei Nicht-Metallen bestehend) ausgebildet ist, erfolgt die Aufstellung der Formeln unterschiedlich. Den ersten Fall (Anion einfach) haben wir schon behandelt, s. Beispiel Aluminiumsulfid.

Widmen wir uns jetzt einem komplizierteren Beispiel, bei dem das Anion komplex ist: Calciumphosphat. Wie kann man sich die Summenformel dieses Salzes herleiten? Hier benutzen wir wieder ein Schema, das eine gewisse Ähnlichkeit mit demjenigen für Aluminiumsulfid aufweist.

1. Bestandteile (d.h. Kation und Anion) des Salzes aufschreiben

Ca^{2+}, PO_4^{3-}

Jetzt wird sicher deutlich, warum es wichtig ist, die bei der Dissoziation von Säuren gebildeten Anionen namentlich zu kennen und außerdem auf ihre Ladung zu achten. Denn sonst wüsste man nicht, was überhaupt Phosphat ist und wie es aussieht.

2. kgV der Ladungen der beiden Bestandteile

Hier betrachtet man lediglich die Zahlen. Man ignoriert also das negative Zeichen beim Anion und tut so, als wären beide Zahlen positiv. Für das kgV von (2,3) = 6.

3. Anzahl der Bestandteile ermitteln

Wir benutzen wieder die schon bekannte Formel:

Für Ca = kgV / Ladung (Ca) = 6 / 2 = 3 Ca-Atome im Salz

Für Phosphat = kgV / Wertigkeit (Phosphat) = 6 / 3 = 2 Phosphat-Gruppen im Salz

Also: $Ca_3(PO_4)_2$.

Wie sieht es mit der Strukturformel aus? Wieder möchten wir ein Schema benutzen, um schrittweise auf das Ergebnis zu kommen:

1. Strukturformel der Säure zeichnen, von der das Anion des Salzes stammt

Das Anion im Salz Calciumphosphat ist das Phosphat. Es kommt von der Phosphorsäure. Dann muss also deren Strukturformel gezeichnet werden. (Zur Herleitung s. Punkt Säuren.)

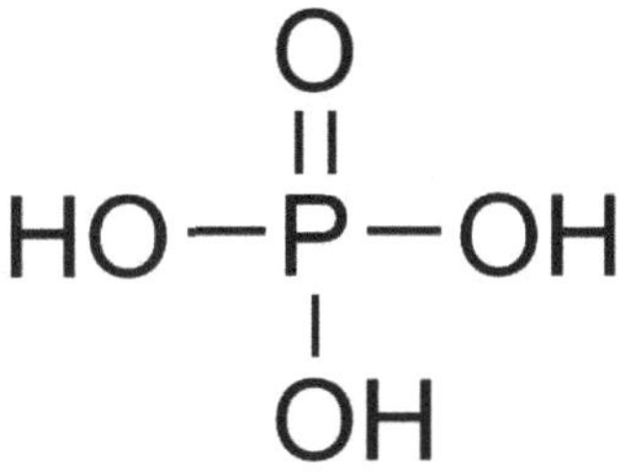

Kapitel 3. Chemische Summen- und Strukturformeln

$$\text{HO}-\overset{\overset{\displaystyle O}{\|}}{\underset{\underset{\displaystyle OH}{|}}{P}}-\text{OH}$$

2. Wasserstoffatome entfernen

Im Calciumphosphat $Ca_3(PO_4)_2$ gibt es offenbar keine Wasserstoffatome, im Gegensatz zur Säure H_3PO_4. Deswegen müssen diese entfernt und durch jeweils eine negative Ladung ersetzt werden. Damit erhält man das Phosphat-Anion.

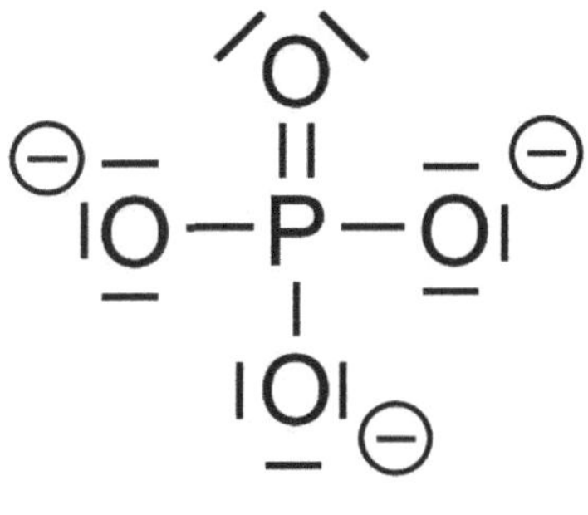

3. Kation aufschreiben Um das Anion (Phosphat) des Salzes haben wir uns gekümmert. Jetzt ist das Kation (Calcium) dran, mit seiner Ladung:

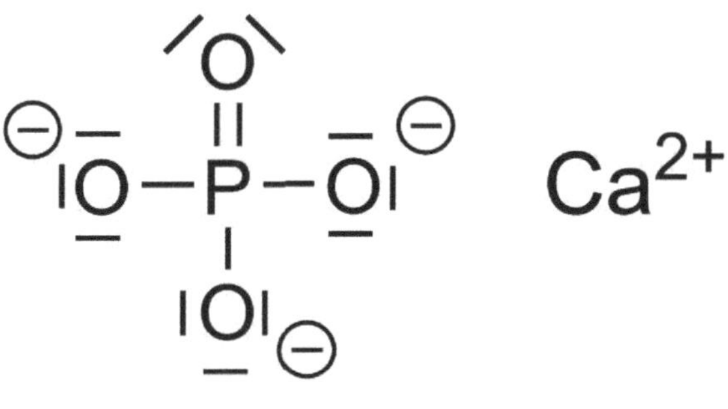

Ca^{2+}

(Man beachte, dass wir der Vollständigkeit halber alle freien Elektronenpaare zeichnen. Prinzipiell ist dies nicht nötig und es ist keineswegs falsch, falls man sie nicht darstellt. Von Universität zu Universität wird dies aber unterschiedlich praktiziert und man sollte sich an die in der jeweiligen Vorlesung gegebenen Anweisungen halten.)

Schließlich tauchen zwei begründete Fragen auf:

*1. Muss in der **Strukturformel** angegeben werden, dass das Phosphat-Anion zweimal vorkommt und das Calciumkation dreimal?*

Antwort: Nein, dies ist nicht unbedingt nötig. Es wird aus der Summenformel ersichtlich. Wenn man das aber machen möchte, wäre es nicht falsch. Dann müsste man einfach eine 3 vor das Calcium bzw. eine 2 vor das Phosphat setzen.

2. Muss man das Kation und das Anion mit Valenzstrichen miteinander verbinden?

Antwort: Nein, auf gar keinen Fall. Genau wie beim Aluminiumsulfid (vergl. Text dazu) handelt es sich hier um eine ionische Verbindung. Stichwort: Plus- und Minus-Ion lieben sich zu sehr, deswegen gibt es dazwischen keinen Platz für einen Valenzstrich.

Aufgabe Nun solltet ihr in der Lage sein, euch die Summen- und Strukturformel folgender Verbindungen herzuleiten:
- a) Aluminiumcarbonat
- b) Kaliumoxid
- c) Calciumchlorid
- d) Cadmiumphosphat
- e) Bariumsulfat

Kapitel 3. Chemische Summen- und Strukturformeln

Lösung Summenformeln:
- a) $Al_2(CO_3)_3$
- b) K_2O
- c) $CaCl_2$
- d) $Cd_3(PO_4)_2$
- e) $BaSO_4$

Lösung Stukturformeln: a)

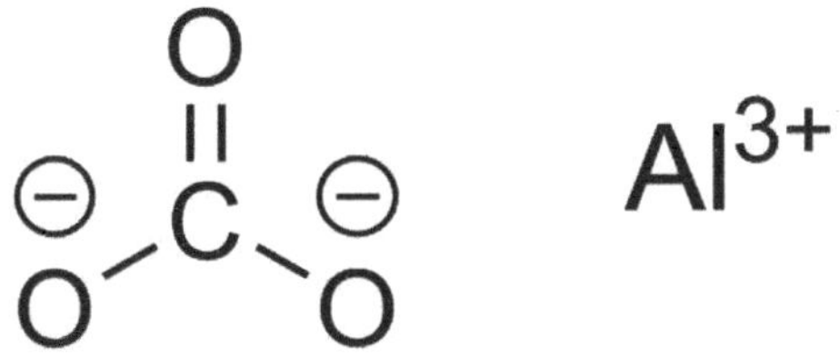

$$\overset{O}{\underset{O^{\ominus}}{\overset{\|}{^{\ominus}O-C-O^{\ominus}}}} \qquad Al^{3+}$$

b) $2\ K^+\ O^{2-}$ c) $Ca^{2+}\ 2\ Cl^-$ d)

$$\begin{array}{c} |\overline{\underline{O}}|^{\nearrow\nwarrow} \\ ^{\ominus}|\overline{\underline{O}}-P-\overline{\underline{O}}|^{\ominus} \\ | \\ |\overline{\underline{O}}|_{\ominus} \end{array} \qquad Cd^{2+}$$

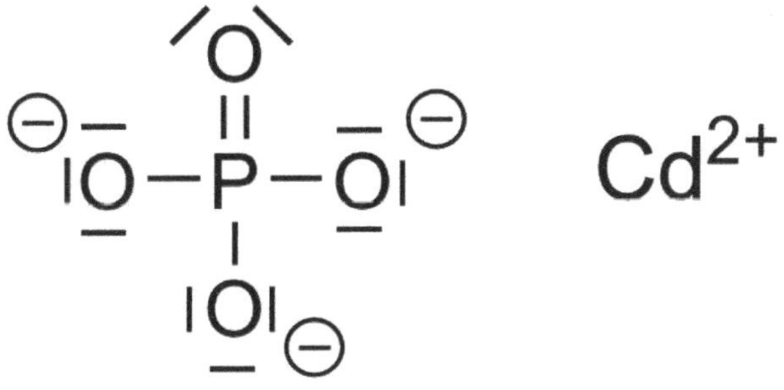

e)

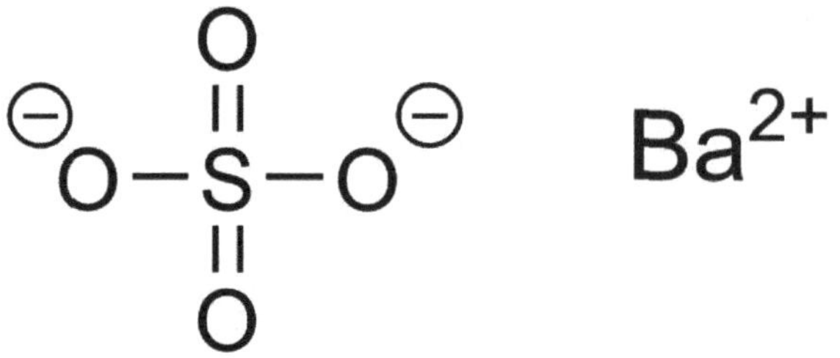

$$^{\ominus}O-\underset{\underset{O}{\overset{\overset{O}{\|}}{S}}}{}-O^{\ominus} \quad Ba^{2+}$$

Kapitel 4

Chemie der Elemente

Lernziel

- Charakteristische chemische Eigenschaften der Elemente nach Gruppen

Die Chemie der Elemente beschreibt deren chemischen Eigenschaften und ist als Thema so umfangreich, dass wir an dieser Stelle nicht auf alle Details eingehen können. Wozu dann überhaupt diesen Stoff behandeln? Es ist von essenzieller Bedeutung, eine allgemeine Vorstellung davon zu haben, wie ein Metall/Nicht-Metall etc. typischerweise mit Sauerstoff, Wasser etc. reagiert und was für Verbindungen (Stoffklassen) dabei entstehen. Oder um ganz konkret zu werden: Warum reagiert Schwefeldioxid sauer, Calciumoxid dagegen basisch und welche Verbindungen entstehen jeweils dabei? Dies ist im Endeffekt die Grundlage der anderen anorganischen Aufgabentypen, denn um z. B. den pH-Wert einer NaOH-Lösung (Natronlauge) berechnen zu können, muss man erst einmal die Reaktion formulieren, die zur NaOH-Bildung führt. Dazu dienen die Kenntnisse über Chemie der Elemente.

In diesem Kapitel gehen wir folgendermaßen vor: Wir betrachten die wichtigen Vertreter der Gruppen im PSE und erklären ihre relevanten chemischen Eigenschaften. An dieser Stelle wird auf die (ausführliche) Darstellung der physikalischen Eigenschaften der Elemente verzichtet, da diese in Mediziner-Klausuren so gut wie keine Rolle spielen. Ziel dieses Lehrbuches ist es primär, Zusammenhänge zu erläutern und Aha!-Erlebnisse zu erzeugen. Außerdem handelt es sich bei den physikalischen Eigenschaften um Fakten, die eher auswendig gelernt als verstanden werden müssen. Wichtigste biologische Eigenschaften von manchen Verbindungen (z. B. der Giftigkeit von CO) werden nur kurz erläutert, sie müssen auch (noch) nicht näher betrachtet werden, da diese Zusammenhänge (z. B. ist CO giftig, da zum Hämoglobin viel affiner als O_2) Gegenstand der Physiologie bzw. Biochemie sind.

Zu den jeweiligen „Richtungsbezeichungen" (Alkali-Metalle, d-Block etc.) im PSE lohnt es sich, das 1. Kapitel noch einmal kurz durchzugehen.

Metalle

Unter Metallen verstehen wir die klassischen, starken Metalle — Alkali- (1. Hauptgruppe) und Erdalkali-Metalle (2. Hauptgruppe). Im Folgenden wird fr die typischen Eigenschaften je ein Beispiel mit einem Alkali- und einem Erdalkali-Metall angegeben. (Für die Herleitung der Summenformel der entstehenden Produkte, z.B. Hydride, Oxide, Laugen, Säuren etc., s. Kapitel *Chemische Summen- und Strukturformeln*).

<u>1. Reaktion mit H_2 → Metallhydride</u>

Sowohl die Alkali- als auch die Erdalkali-Metalle reagieren mit Wasserstoff-Gas. Dabei entstehen die jeweiligen Hydride (z.B. NaH - Natriumhydrid). Hydride sind salzartige Verbindungen, in denen das/die H-Atom/e das Anion darstellen:

$2\,Na + H_2 \rightarrow 2\,NaH$

$Ca + H_2 \rightarrow CaH_2$

Die gebildeten Hydride reagieren mit Wasser zur jeweiligen Lauge (Hydroxid) und molekularem Wasserstoff:

Kapitel 4. Chemie der Elemente

NaH + H$_2$O → NaOH + H$_2$

CaH$_2$ + 2 H$_2$O → Ca(OH)$_2$ + 2 H$_2$

2. Reaktion mit O$_2$ → Metalloxide

Sowohl die Alkali- als auch die Erdalkali-Metalle reagieren mit Sauerstoff-Gas. Dabei entstehen die jeweiligen Oxide.

4 Na + O$_2$ → 2 Na$_2$O

2 Ca + O$_2$ → 2 CaO

Die gebildeten (Alkali-/Erdalkali-)Oxide sind basisch, da sie mit Wasser zur jeweiligen Lauge (Hydroxid) reagieren:

Na$_2$O + H$_2$O → 2 NaOH

CaO + H$_2$O → Ca(OH)$_2$

3. Reaktion mit Wasser → Lauge + H$_2$

Sowohl die Alkali- als auch die Erdalkali-Metalle reagieren mit Wasser, wobei die jeweiligen Laugen entstehen:

2 Na + 2 H$_2$O → 2 NaOH + H$_2$

Ca + 2 H$_2$O → Ca(OH)$_2$ + H$_2$

Kleiner Tipp: Hier kann man sich wieder vor Augen führen, dass das Metall mit dem negativen Bestandteil des Wassers (OH) reagiert, da Metalle in Verbindungen immer positiv sind. So liegt es nahe, dass H$_2$ entsteht, da vom ursprünglichen Wasser die H-Atome übrig bleiben.

4. Reaktion mit Säuren → Salz + H$_2$

Sowohl die Alkali- als auch die Erdalkali-Metalle reagieren mit (starken / schwachen) Säuren. Es entsteht das jeweilige Salz der Säure und Wasserstoff-Gas:

2 Na + 2 HCl → 2 NaCl + H$_2$

Ca + H$_2$SO$_4$ → CaSO$_4$ + H$_2$

Hier muss man wieder daran denken, dass im Produkt das Metall an das Anion (negativer Bestandteil) der Säure bindet, da das Metall in der Verbindung positiv ist.

5. Reaktion mit Nicht-Metallen → Salze

Sowohl die Alkali- als auch die Erdalkali-Metalle reagieren mit verschiedenen (aber nicht allen) Nicht-Metallen. Hier gibt es viele Beispiele, teilweise unterscheiden sich die Bedingungen (spontan oder nicht, Erhitzen und hoher Druck notwendig oder nicht etc.). Diese Details muss man nicht kennen.

$2\,Na + Cl_2 \rightarrow 2\,NaCl$

$Ca + S \rightarrow CaS$

Die Übergangsmetalle (d-Block im PSE) und erst recht die Lanthanoide und Actinoide (f-Block) lassen wir außen vor, da sie sehr speziell sind und man ihre Eigenschaften nicht kennen muss. Auf die wichtigsten Vertreter (Zn, Ag, Hg) des d-Blocks des PSE wird im Kapitel *Chemische Summen- und Strukturformeln* eingegangen.

3. Hauptgruppe

An dieser Stelle möchten wir uns kurz das Element Aluminium ansehen. Es handelt sich hierbei um ein sog. Leichtmetall, welches speziellere, amphotere Eigenschaften hat.

Reaktion mit H_2 → Hydrid

Prinzipiell gibt es hier keinen Unterschied zu den Alkali-/Erdalkali-Metallen:

$2\,Al + 3\,H_2 \rightarrow 2\,AlH_3$

Aus AlH_3 und Wasser entstehen Aluminiumhydroxid (also die „Lauge") und Wasserstoff-Gas, wie auch bei den anderen Metallen, die wir eben behandelt haben:

$AlH_3 + 3\,H_2O \rightarrow Al(OH)_3 + 3\,H_2$

Das Aluminiumhydroxid ist amphoter (d. h. sowohl sauer als auch basisch), im Gegensatz zu den Alkali- und Erdalkali-Hydroxiden, die nur basisch sind.

Die basischen Eigenschaften werden bei der Reaktion mit einer Säure nachgewiesen:

$Al(OH)_3 + 3\,HCl \rightarrow AlCl_3 + 3\,H_2O$

Die sauren Eigenschaften bedingen die Reaktion mit Basen:

$Al(OH)_3 + 3\,NaOH \rightarrow Na_3[Al(H)_6]$

Die gebildete Komplex-Verbindung heißt Natriumhexaaquaaluminat.

Da $Al(OH)_3$ — wie beschrieben — auch saure Eigenschaften hat, kann es als eine typische Säure dargestellt werden: H_3AlO_3. Dies entspricht der Zusammensetzung $Al(OH)_3$.

$Al(OH)_3$ kann mit starken Laugen (z. B. NaOH, s. o.) Aluminat-Komplexe bilden, die Reaktionen sind aber von eher untergeordneter Bedeutung. Wenn überhaupt muss man lediglich die Nomenklatur der einfachen Komplexe kennen ($\rightarrow$ Kapitel *Komplexe*).

Reaktion mit Säuren $\rightarrow$ Salz + H_2

Als Metall kann Al mit Säuren reagieren. Dabei entstehen ein Aluminiumsalz und Wasserstoff-Gas:

$2\,Al + 6\,HCl \rightarrow 2\,AlCl_3 + 3\,H_2$

Da Al amphotere Eigenschaften hat, kann es auch, im Gegensatz zu den klassischen Metallen, die lediglich mit Säuren reagieren, mit Basen reagieren. Dabei entstehen (Metall-)Aluminate, eine Eigenschaft, die man sich zwar merken könnte, aber nicht im Detail kennen muss.

Man muss außerdem die Thermit-Reaktion kennen. Dabei reagiert Al (im Elementarzustand) mit Fe(III)-oxid Fe_2O_3. Eisen wird freigesetzt und Aluminium nimmt seinen Platz im Oxid an:

$2\,Al + Fe_2O_3 \rightarrow Al_2O_3 + 2\,Fe$

Es handelt sich hierbei um einen Redox-Prozess, da sich die Oxidationsstufen von Al ($0 \to +3$) und Fe ($+3 \to 0$) ändern. Die Reaktion ist extrem exotherm und wird z. B. beim Thermit-Schweißen (Fügen von Schienen an den Stößen) benutzt.

4. Hauptgruppe

Der einzige Vertreter, den man detailliert kennen muss, ist der Kohlenstoff C. Er ist Gegenstand der organischen Chemie. An dieser Stelle wird auf ein paar wichtige anorganische Reaktionen eingegangen:

In Anwesenheit von O_2 reagiert C mit ihm zu Kohlenstoffmonoxid:

$$2\,C + O_2 \to 2\,CO$$

CO ist ein sehr giftiges Gas, da es viel stärker als O_2 an das Hämoglobin bindet und die Gewebeversorung mit O_2 extrem verringert wird.

CO wird unter Sauerstoffatmosphäre spontan weiteroxidiert:

$$2\,CO + O_2 \to 2\,CO_2$$

CO_2 ist ein saures Oxid. Die Oxide der Alkali- und Erdakali-Metalle sind basisch, da sie mit Wasser zur jeweiligen Lauge (Hydroxid) reagieren. Die sauren Oxide reagieren mit Wasser zur jeweiligen Säure, daher auch der Name:

$$CO_2 + H_2O \rightleftharpoons H_2CO_3 \rightleftharpoons H^+ + HCO_3^-$$

Die bei der Reaktion des sauren Oxids mit Wasser entstehende Säure kann man eigentlich auch als saures Hydroxid betrachten, da sie OH-Gruppe(n) im Molekül hat, aber sauer und nicht basisch sind, wie z.B. KOH. Diese Bezeichnung ist zwar richtig, aber etwas unüblich.

Die Kohlensäure ist sehr schwach (deswegen kann sie problemlos in Sprudelgetränken benutzt werden, ohne, wie eine starke Säure, die Schleimhäute anzugreifen und zu zerstören) und wird manchmal als wässrige CO_2-Lösung bezeichnet. Das bei ihrer Dissoziation gebildete Anion Hydrogencarbonat (in der Physiologie und allgemein in der Medizin als „Bicarbonat" bekannt), kann

H^+ abfangen und schützt so z. B. die Magenschleimhaut vor der dort vorhandenen HCl.

Nun stellen sich manche Leser sicherlich die Frage, woher man weiß, welches Oxid eines Nicht-Metalls sauer ist (die Metalle, die wir behandelt haben, haben jeweils nur eins, also besteht das Problem bei ihnen nicht) bzw. mit Wasser zur Ausbildung einer Säure reagieren kann? Denn der Kohlenstoff hat z. B. zwei Oxide, CO und CO_2, nur eins davon ist jedoch sauer. (CO ist ein neutrales Oxid, da es nicht mit H_2O reagiert und demnach keine Säure/Lauge bildet.) Natürlich kann man einfach die jeweiligen Oxide auswendig lernen (welches ist sauer und welches ist neutral). Es gibt aber eine noch einfachere Weise, die gerade am Anfang sehr hilfreich ist. Nach einiger Zeit kennt man die Oxide auswendig und muss gar nicht mehr überlegen. Wie geht man aber vor, damit man sich das Ganze herleiten kann? Man überlegt, welche Säure(n) man vom jeweiligen Nicht-Metall kennt (Kapitel *Chemische Summen- und Strukturformeln*). Unser Nicht-Metall ist C. Man sollte die Kohlensäure kennen, H_2CO_3. Dann bestimmt man die Oxidationsstufe (Kapitel *Redox*) des Zentralelements in der Säure, bei uns ist sie +4. Im Molekül des sauren Oxids des Kohlenstoffs, welches bei Reaktion mit Wasser H_2CO_3 bildet, wird das C-Atom dieselbe Oxidationsstufe wie in der Säure haben, also +4. Folglich ist dies das Kohlenstoffdioxid CO_2, denn die Oxidationsstufe des C-Atoms in CO ist nicht +4 sondern +2.

Worauf beruht dieser Trick? Bei der Reaktion von (sauren) Oxiden mit Wasser ändert sich die Oxidationsstufe nicht (Ausnahme: NO_2, s.u.). So müssen die Oxidationsstufe des Elements in der Säure und im (sauren/basischen) Oxid übereinstimmen! Dies mag tatsächlich für erfahrene Studenten selbstverständlich klingen, aber gerade für Neulinge auf dem Gebiet der Chemie ist es hilfreich, weniger auswendig lernen zu müssen und mehr zu verstehen.

Unter bestimmten Bedingungen (Temperatur, Druck, Katalysator) reagiert C mit H_2 unter Bildung von Methan, der einfachsten organischen Verbindung:

$C + 2\,H_2 \rightleftharpoons CH_4$

5. Hauptgruppe

Hier schauen wir uns die Elemente Stickstoff N und Phosphor P an.

Stickstoff

Stickstoff ist unter normalen Bedingen gasförmig. Sein Molekül besteht aus zwei N-Atomen, N_2. Das N_2-Molekül ist äußerst stabil aufgrund der Dreifachbindung zwischen den beiden Atomen: $N\equiv N$. Folglich ist N recht reaktionsträge und die meisten Reaktionen, die das Element eingeht, benötigen hohe Temperatur und Druck sowie das Anwenden von Katalysatoren.

Die Reaktion mit H_2 liefert Ammoniak, eine zentrale Verbindung des Stickstoffs:

$N_2 + 3\,H_2 \rightleftharpoons 2\,NH_3$

Bei der Synthese benutzt man Fe-Katalysator. (Nebenbei: Es handelt sich um heterogene Katalyse, da der Katalysator Feststoff ist (Eisen), die Edukte N_2 und H_2 aber gasförmig, ihre Aggregatzustände also unterschiedlich sind.)

Mit O_2 bildet N_2 das Stickstoff(mon)oxid NO:

$N_2 + O_2 \rightleftharpoons 2\,NO$

Die Reaktion verläuft bei extrem hoher Temperatur von über 3000°C. NO wird auch auf natürliche Weise gebildet (bei Gewittern — Blitze), da dort diese extreme Bedingung erfüllt ist und der molekulare Stickstoff in der Luft mit Sauerstoff reagieren kann.

Das so gebildete Oxid wird an der Luft spontan zum gelb-braunen Stickstoffdioxid weiteroxidiert:

$2\,NO + O_2 \rightarrow 2\,NO_2$

Es handelt sich beim NO_2 um ein stark giftiges Gas, das nicht eingeatmet werden darf. Deswegen achtet man im Labor darauf, mit NO_2 immer unter dem Abzug zu arbeiten. Seine Giftigkeit wird durch die Reaktion mit Wasser erklärt:

$2\,NO_2 + H_2O \rightarrow HNO_2 + HNO_3$

(Man beachte, dass sich bei dieser Reaktion des sauren Oxids mit Wasser die Oxidationsstufe ausnahmsweise ändert. Üblicherweise bleibt sie gleich. Zur Erinnerung: Es handelt sich hierbei um Disproportionierung $\rightarrow$ Kapitel „*Redox*".)

Da man zwei stickstoffhaltige Säuren kennen sollte (HNO_2 und HNO_3), ergibt sich nun die Frage, welche beiden sauren Oxide der Stickstoff hat, die mit Wasser diese Säuren bilden. Die Oxidationsstufe des N-Atoms in HNO_2 ist +3, in HNO_3 +5. Demnach hat das N-Atom in einem sauren Oxid (jenes, das mit Wasser HNO_2 bildet) die Oxidationsstufe +3, im anderen (jenes, das mit Wasser HNO_3 bildet) +5. Die Summenformeln kann man sich nun herleiten (Kapitel *Chemische Summen- und Strukturformeln*), es sind N_2O_3 und N_2O_5. Die Reaktionen lauten:

$N_2O_3 + H_2O \rightarrow 2\,HNO_2$

$N_2O_5 + H_2O \rightarrow 2\,HNO_3$

Der Stickstoff hat also drei saure Oxide: N_2O_3, N_2O_5 und NO_2. Er hat außerdem zwei neutrale Oxide, NO (Oxidationsstufe +2) und N_2O (Oxidationsstufe +1). Insgesamt hat der Stickstoff folglich 5 Oxide, von der Oxidationsstufe +1 bis einschließlich zur Oxidationsstufe +5: N_2O (+1), NO (+2), N_2O_3 (+3), NO_2 (+4), N_2O_5 (+5).

Das Distickstoffoxid ist eine lustige (im wahrsten Sinne des Wortes) Verbindung. Es wird auch Lachgas genannt und wurde in der Vergangenheit als Betäubungsmittel eingesetzt.

Reaktion mit Metallen

Mit Metallen entstehen salzartige Verbindungen (Nitride), in denen das N-Atom das Anion darstellt und die Oxidationsstufe -3 hat:

$3\,Mg + N_2 \rightarrow Mg_3N_2$

Das Magnesiumnitrid entsteht aufgrund des hohen Stickstoff-Gehaltes der Luft (knapp 80 Prozent), wenn Mg an der Luft verbrannt wird. Wird Mg_3N_2 hydrolysiert, entstehen $Mg(OH)_2$ und NH_3 (beide basisch):

$Mg_3N_2 + 6\,H_2O \rightarrow 3\,Mg(OH)_2 + 2\,NH_3$

Hier hilft auch wieder etwas Logik: Das Salz Magnesiumnitrid besteht aus dem positiven Bestandteil Mg^{2+}-Kationen und dem negativen Bestandteil $N_3{}^-$-Anionen. Demnach werden sich die Mg^{2+}-Kationen mit dem negativen Bestandteil des Wassers (OH) verbinden. Die $N_3{}^-$-Anionen, die selbst negativ sind, verbinden sich mit dem positiven Bestandteil des Wassers (H). Die Summenformeln der Produkte kann man sich herleiten (Kapitel *Chemische Summen- und Strukturformel*).

Die Stoffklasse der Nitride ist eigentlich breiter, man muss allerdings nur diese Untergruppe kennen.

Phosphor

Phosphor steht in derselben Gruppe wie Stickstoff, hat aber unterschiedliche Eigenschaften. Es sind außerdem verschiedene Formen des Elements bekannt (weißer, roter, violetter etc.).

Die Reaktion mit H_2 liefert (Mono-)Phospan (veraltet „Phosphin"):

$2\,P + 3\,H_2 \rightleftharpoons 2\,PH_3$

Die Stoffklasse der Phosphane umfasst viele Vertreter, die in der Grundstruktur aus PH_3 bestehen. Gehört haben muss man nur die o.g. Verbindung.

Phosphor hat zwei Oxide: Phosphor(III)-oxid P_2O_3 (Oxidationsstufe +3) und Phosphor(V)-oxid P_2O_5 (Oxidationsstufe +5). Da dabei weißer Phosphor (tetraatomate Struktur, also P_4) mit O_2 reagiert, lautet die genauere Formel von Phosphor(III)-oxid nicht P_2O_3 sondern P_4O_6 und die von Phosphor(V)-oxid nicht P_2O_5 sondern P_4O_{10}.

$P_4 + 3\,O_2 \rightarrow P_4O_6$

(Das gebildete Oxid wird in Anwesenheit von O_2 weiteroxidiert:)

$P_4O_6 + 2\,O_2 \rightarrow P_4O_{10}$

Beide Oxide sind sauer, ihnen entsprechen die Phosphorige Säure (H_3PO_3, schwach) bzw. die Phosphorsäure (H_3PO_4, mittelstark/stark):

$P_4O_6 + 6\,H_2O \rightarrow 4\,H_3PO_3$

$P_4O_{10} + 6\,H_2O \rightarrow 4\,H_3PO_4$

Hier kann man erneut den bereits erlernten Trick mit der Übereinstimmung der Oxidationsstufe im sauren Oxid und der jeweiligen Säure anwenden, um herzuleiten, welches Oxid welche Säure mit Wasser ergibt.

Reaktion mit Metallen

Mit Metallen entstehen salzartige Verbindungen (Phosphide), in denen das P-Atom das Anion darstellt und die Oxidationsstufe -3 hat — Analogie zu den Nitriden beim Stickstoff.

$3\,Ca + 2\,P \rightarrow Ca_3P_2$

Wird C_3P_2 hydrolysiert, entstehen $Ca(OH)_2$ und PH_3 — Analogie zur Hydrolyse von Mg_3N_2:

$Ca_3P_2 + 6\,H_2O \rightarrow 3\,Ca(OH)_2 + 2\,PH_3$

Phosphor reagiert auch mit stärkeren (elektronegativeren, d. h. rechts im PSE stehenden) Nicht-Metallen (z.B. Cl_2), die jeweiligen Reaktionen sind aber sehr spezifisch und müssen nicht gelernt werden.

6. Hauptgruppe

Von der 6. Hauptgruppe möchten wir uns kurz die Elemente O und S ansehen.

Sauerstoff

Sauerstoff ist unter normalen Bedingungen ein diatomares Molekül, O_2.

Die relevanten chemischen Eigenschaften des Sauerstoffs haben wir uns schon angeschaut. Hier werden sie noch einmal kurz aufgelistet: Reaktionen mit Alkali- und Erdalkali-Metallen liefern basische Oxide, die mit Wasser Laugen ergeben (s. Beispiele beim Punkt „Metalle").

Reaktionen mit Nicht-Metallen (s. Punkte „4. Hauptgruppe", „5. Hauptgruppe", „6. Hauptgruppe" → Schwefel) liefern saure und/oder neutrale Oxide. Saure Oxide (z. B. CO_2) reagieren mit H_2O zu sauerstoffhaltigen Säuren (Oxosäuren, z. B. H_2CO_3 aus CO_2). Neutrale Oxide (CO) reagieren nicht mit Wasser, ihnen entsprechen demnach auch keine Oxosäuren.

Außerdem reagiert Sauerstoff-Gas mit Wasserstoff-Gas, wobei Wasser gebildet wird, gemäß:

$2\,H_2 + O_2 \rightarrow 2\,H_2O$

Dieser Prozess ist bekannt unter „Knallgasreaktion". Der Name erklärt sich von selbst, denn es kommt zu einem „Knall".

Der Sauerstoff reagiert mit verschiedenen Nicht-Metallen, die Reaktionen sind hier auch spezifisch und nicht relevant. Eingehen möchten wir lediglich noch einmal auf das Sauerstoffdifluorid OF_2. Hier ist die Oxidationsstufe des O-Atoms ausnahmsweise +1, weil F elektronegativer ist!

Schwefel

Schwefel (wie Phosphor) hat verschiedene allotrope Modifikationen, die man nicht kennen muss. Man sollte sich allerdings merken, dass Schwefel im Elementarzustand manchmal als S_2 (und nicht S) dargestellt wird, da dies der tatsächlichen Struktur aus 8 S-Atomen entspricht.

Bei der Reaktion mit Wasserstoff ergibt sich das hochgiftige Schwefelwasserstoff-Gas, welches nach faulen Eiern riecht:

$H_2 + S \rightleftharpoons H_2S$

Schwefel reagiert mit O_2 erst zum Schwefeldioxid (Schwefel(IV)-oxid, da Oxidationsstufe +4):

$S + O_2 \rightarrow SO_2$

Spontan wird das SO_2 in Anwesenheit von O_2 zum Schwefeltrioxid (Schwefel(VI)-oxid, da Oxidationsstufe +6) weiteroxidiert:

$2\,SO_2 + O_2 \rightarrow 2\,SO_3$

Beide Schwefel-Oxide sind saure Oxide, ihnen entsprechen die Schweflige bzw. die Schwefelsäure:

$SO_2 + H_2O \rightleftharpoons H_2SO_3$ (schwach, liegt als wässrige Lösung von SO_2 vor)

$SO_3 + H_2O \rightarrow H_2SO_4$

Man beachte, dass die Oxidationsstufe des S-Atoms im Oxid und der jeweiligen Säure gleich ist. Hier kann man sich also wieder herleiten, welches Oxid welche Säure ergibt.

<u>Reaktion mit Metallen</u>

Schwefel reagiert mit starken Metallen (Alkali-/Erdalkali-) zu den jeweiligen Sulfiden. Sulfide sind Salze, in denen das S-Atom das Anion darstellt und zweifach negativ geladen ist:

$Ca + S \rightarrow CaS$

(Prinzipiell wäre auch die Reaktion mit z. B. Übergangsmetallen (Cu) möglich, dann müssen aber die Bedingungen extremer werden, z. B. Erhöhung von Temperatur und Druck.)

Schwefel kann auch mit verschiedenen Nicht-Metallen reagieren, z. B. den Halogenen, die entstehenden Verbindungen sind allerdings nicht relevant und man muss die Reaktionen nicht kennen.

7. Hauptgruppe

Die Halogene sind reaktionsfreudige Elemente, die im Elementarzustand als diatomare (= aus zwei Atomen) Moleküle vorkommen, d.h. F_2, Cl_2, Br_2, I_2.

Die Reaktion zwischen einem Halogen und Wasserstoff ergibt Halogenwasserstoff (gasförmig):

$H_2 + Cl_2 \rightleftharpoons 2\,HCl$

Durch Einleitung des Halogenwasserstoffs in Wasser entsteht die jeweilige Halogenwasserstoffsäure, z. B. Salzsäure (HCl in Wasser), Flusssäure (HF in Wasser) etc.

Halogene reagieren mit Metallen, dabei werden Salze (Halogenide) gebildet: Fluoride, Chloride, Bromide, Iodide:

$Ca + Cl_2 \rightarrow CaCl_2$

Mit O_2 reagieren die Halogene generell nicht direkt. Es sind allerdings verschiedene Halogenoxide bekannt, die man nicht im Einzelnen kennen muss. Selten werden Aufgaben zu den Strukturformeln gestellt — z. B. von Dichloroxid Cl_2O. Diese kann man sich nach den im Kapitel *Chemische Bindung* erläuterten Regeln herleiten. Ihre (chemischen) Eigenschaften muss man nicht kennen.

8. Hauptgruppe

Die Gruppe der Edelgase wird so genannt, weil ihre Vertreter die stabilste Elektronenkonfiguration (Edelgaskonfiguration) besitzen und somit äußerst reaktionsträge sind. Aufgrund dieser Stabilität reagieren Edelgase lediglich unter wirklich extremen Bedingungen. Diese wenigen Informationen muss man kennen und verstehen, die chemischen Reaktionen sind im Detail nicht relevant, sowenig wie die eigentlichen Verbindungen der Edelgase.

Kapitel 5

Stöchiometrie

Lernziele

- Stoffmengenverhältnisse in chemischen Gleichungen

- Stöchiometrische Formeln

Die Stöchiometrie ist ein zentrales Thema in der anorganischen Chemie, worauf das chemische Rechnen beruht. Wenn man dieses Thema verstanden hat, kommt man z. B. auch mit den pH-Aufgaben problemlos zurecht.

Stoffmenge

Der zentrale Begriff ist die Stoffmenge (n). Sie ist eine der sieben Basisgrößen im Internationalen Einheitssystem (SI). Die Einheit der Stoffmenge ist das Mol. 1 Mol entspricht ca. 6×10^{23} Teilchen eines Stoffs — ganz egal, ob es sich um Atome, Moleküle etc. handelt. Viel wichtiger als die Definition ist die Berechnung der Stoffmenge. Dies kann anhand verschiedener Größen vollzogen werden.

Anhand der **Masse** haben wir für die Stoffmenge:

$$n = \frac{m}{M},\ \text{m=Masse in g, M = molare Masse in g/mol.}$$

Die Masse wird in Basiseinheiten (SI) in kg angegeben, folglich die molare Masse in kg/mol. Allerdings sind in der Chemie g (Masse) bzw. g/mol (molare Masse) üblicher, da man prinzipiell mit kleineren Mengen arbeitet.

Die molare Masse einer chemischen Verbindung ergibt sich aus der Summe der Atommassen der an der Verbindung beteiligten Elemente. Die molare Masse des Wassers H_2O wäre also zweimal gleich der Atommasse des Wasserstoffs und einmal der Atommasse des Sauerstoffs, da im H_2O-Molekül 2 H-Atome und 1 O-Atom vorhanden sind. Die Zahlenwerte für die Atommassen der Elemente entnimmt man dem Periodensystem. Diese (sowie die Ordnungszahlen) müssen nicht auswendig gelernt werden. Dargestellt wird das Ganze üblicherweise so:

M(H_2O)=2 x M(H) + M(O) = 2x1 + 16 = 18 g/mol

Für H_2SO_4 hätten wir analog:

M(H_2SO_4)=2 x M(H) + M(S) + 4 x M(O) = 2x1 + 32 + 4x16 = 98 g/mol

Aufgabe: Berechnen Sie die Stoffmenge von 200 g reiner H_2SO_4.

Lösung: Da die Masse von H_2SO_4 angegeben ist (200 g) und die Stoffmenge n gesucht wird, muss man sich überlegen, ob es zwischen diesen beiden Größen (Masse und Stoffmenge) einen Zusammenhang gibt. Natürlich muss man hier an die Formel $n = \frac{m}{M}$ denken. Die molare Masse M ist zwar nicht angegeben, aber man kann sich den Wert herleiten, indem man die jeweiligen Atommassen der Elemente im PSE nachschaut. (*Prinzipiell werden die molaren Massen in Prüfungen angegeben.*) Somit ergibt sich:

$$n(H_2SO_4) = \frac{m}{M} = 200 \text{ g} / 98 \text{ g/mol} = 2{,}04 \text{ mol}$$

Anhand des **Volumens** haben wir für die Stoffmenge:
$n = \frac{V}{V_m}$, V = Volumen in l, V_m = Molvolumen in l/mol

Die Einheit des Volumens ist in Basiseinheiten das Kubikmeter m^3. In der Chemie wird üblicherweise Liter l benutzt. Das Molvolumen (molares Volumen) **eines Gases** ist das Volumen, welches 1 Mol des Gases unter bestimmten Bedingungen einnimmt. Deswegen auch der Name Molvolumen. V_m ist eine Konstante unter Normbedingungen und beträgt 22,4 l/mol. Es lohnt sich diese Konstante bzw. ihren Wert einzuprägen.

Anmerkung: V_m darf nur bei Gasen angewendet werden!

Aufgabe: Welches Volumen in Litern nehmen 2 mol Sauerstoff (unter Normbedingungen) ein?

Lösung: Hier ist lediglich das Volumen vom Gas angegeben. Da unter Normbedingungen gearbeitet wird, muss man die Konstante V_m berücksichtigen: V_m = 22,4 l/mol. Somit ergibt sich aus der Formel $n = \frac{V}{V_m}$ das Volumen V = n x V_m = 2 mol x 22,4 l/mol = 44,8 l.

Anhand der **molaren Konzentration** haben wir für die Stoffmenge:
$c = \frac{n}{V}$

Die molare Konzentration c gibt an, wieviel mol eines Stoffes sich in einem bestimmten Lösungsmittelvolumen befinden: $c = \frac{n}{V}$. Die Einheit ist mol/l. Diese kann man sich von der Einheit der Stoffmenge (Mol) und der Einheit des Volumens (Liter) herleiten. Demnach kann man die Formel nach n umformen und erhält für die Stoffmenge n = c x V. Wenn eine bestimmte Lösung z. B. 5 mol/l des gelösten Stoffs enthält, kann man sie auch als 5-molar bzw. 5 M bezeichnen. Deswegen lautet die veraltete Bezeichnung der molaren Konzentration Molarität. Hier ist Vorsicht angesagt: M (molare Konzentration) nicht mit M (molare Masse) verwechseln, denn es wird für beides der gleiche Buchstabe benutzt! **Man muss also immer sinngemäß darauf rückschließen, welche der beiden Größen gemeint ist!**

Aufgabe: In 2 l Wasser befindet sich 1 mol H_2SO_4. Berechnen Sie die molare Konzentration.

Lösung: Laut Definition der molaren Konzentration gilt $c = \frac{n}{V}$. Die $n(H_2SO_4)$ ist angegeben, sowie das $V(H_2O)$. Achtung: In der Formel der molaren Konzentration betrachtet man **lediglich das Volumen des Lösungsmittels** (am häufigsten Wasser)!

c (H_2SO_4)=$\frac{n}{V}$=$\frac{1 mol}{2 l}$= 0,5 mol/l (alternative Schreibweise: 0,5 M)

Tipp: In der Aufgabe kann anstelle der jeweiligen Stoffmenge die Masse des Stoffes angegeben und trotzdem die Konzentration gesucht werden. Hierbei muss man natürlich erst einmal die Stoffmenge des Stoffs berechnen, indem man beachtet, dass $n = \frac{m}{M}$ ist. Danach benutzt man die Formel $c = \frac{n}{V}$, da dann n schon bekannt ist. Zusammenfassend kann man beide Formeln so formulieren: $c = \frac{m}{MV}$.

Die **Dichte** ist eine weitere physikalische Größe, die zwar seltener in stöchiometrischen Aufgaben benutzt wird, dennoch bedeutsam ist und spätestens in der Physik wichtig wird. Die Definition der Dichte ist $p = \frac{m}{V}$. Die in der Chemie übliche Einheit ist g/ml.

Aufgabe: Berechnen Sie die Masse der reinen H_2SO_4 in 500 ml H_2SO_4-Lösung (Dichte: 1,2 g/ml)

Kapitel 5. Stöchiometrie

> **Lösung**: Per definitionem $p = \frac{m}{V}$. Bekannt sind p = 1,2 g/ml und V = 500 ml. Demnach: m = p x V = 1,2 g/ml x 500 ml = 600 g.

Es ist wichtig, dass man sich die wenigen o. g.Formeln merkt. Auf den ersten Blick scheinen sie einfach zu sein, aber in den Klausuren geht es wirklich nur um die aufgezählten Verhältnisse. Natürlich kommen dann durchaus erweiterte Aufgaben vor, also solche, in denen z. B. erst einmal lediglich die Stoffmenge oder die Konzentration zu berechnen sind und dann nach dem pH-Wert der vorliegenden Lösung gefragt wird. Aus diesem Grund ist es essenziell, dass man sich diesen Stoff gut einprägt.

Weiteres zum Thema Stöchiometrie

In diesem Kapitel möchten wir uns nicht mit der Chemie der Elemente (s. entsprechendes Kapite, dort wird erklärt, welches die klassischen Reaktionen eines Metalls sind etc.) beschäftigen. Wir nehmen deswegen einfach eine Gleichung als Beispiel und konzentrieren uns nur auf die für die Stöchiometrie wichtigen Aspekte.

Kalium reagiert mit Chlorgas zu Kaliumchlorid gemäß:

$K + Cl_2 \rightarrow KCl$

Prinzip:
<u>Gleiche Anzahl der Atome auf beiden Seiten der Gleichung</u>

Jede chemische Gleichung muss ausgeglichen sein. Das heißt, dass auf jeder Seite die gleiche Anzahl von jedem Atom vorliegen muss. Wir können z. B. mit dem Kalium anfangen. Auf beiden Seiten liegt jeweils 1 K-Atom vor, was schon einmal perfekt ist. Beim Chlor hat man allerdings das Problem, dass links 2 Cl-Atome (von Cl_2) vorkommen und rechts nur eins (in KCl). Das lässt sich so lösen, dass entweder vor dem Cl_2- Molekül 0,5 bzw. $\frac{1}{2}$ vorangestellt wird, damit wird die Anzahl der Chloratome auf der linken Seite von 2 auf 1 reduziert:

K + $\frac{1}{2}$ Cl$_2$ → KCl

bzw.

K + 0,5 Cl$_2$ → KCl

Oder aber man schreibt vor KCl eine 2: K + Cl$_2$ → 2 KCl. So liegen schon einmal 2 Cl-Atome auf jeder Seite vor: Da aber nun auch 2 K-Atome rechts vorkommen und links nur eins, muss auch vor dem K-Atom links eine 2 davor geschrieben werden:

2 K + Cl$_2$ → 2 KCl

Während die 1. Variante (mit 0,5 Cl$_2$ bzw. $\frac{1}{2}$ Cl$_2$) vollkommen in Ordnung ist, sieht sie ein wenig seltsam aus. Deswegen wird die zweite Option bevorzugt, bei der mit ganzen Zahlen gearbeitet wird.

Da die Gleichung nunmehr ausgeglichen ist, kann man sich Gedanken über die Stoffmengenverhältnisse machen. Dafür überlegt man sich, welche Koeffizienten vor jedem Stoff in der Gleichung stehen.

2 K + (1) Cl$_2$ → 2 KCl

K, Cl$_2$ und KCl befinden sich laut Gleichung in einem Verhältnis von 2 : 1 : 2 laut Gleichung zueinander. (*Die 1 vor dem Cl$_2$-Molekül wird normlaerweise nicht notiert, sie ist selbstverständlich.*) Warum ist das wichtig? Sobald die Stoffmenge eines Stoffs von allen drei bekannt ist, z. B. die des Kaliums, kann man problemlos auch die Stoffmengen aller anderen Stoffe berechnen. Wie macht man dies?

Nehmen wir an, dass die Stoffmenge des Kaliums in der o. g. Gleichung z. B. 5 mol beträgt. Da laut Gleichung die Stoffmenge des Chlors nur die Hälfte beträgt (da sie im Verhältnis von 2 : 1 in der Gleichung stehen), beträgt die Stoffmenge des Chlors 0,5 von 5 mol, d. h. 2,5 mol. Die Stoffmenge des KCl ist gleich der des Kaliums, da sie im Verhältnis von 2:2 (was gleich 1 : 1 ist) stehen. Wieso ist das nützlich? Häufig wird die Masse des einen Stoffs angegeben (z. B.

die des Kaliums) und man wird nach der Masse eines anderen Stoffs gefragt, z. B. nach der des Produkts Kaliumchlorid. Zum Beispiel:

> **Aufgabe**: 78 g Kalium reagieren mit Chlor zu Kaliumchlorid. Wieviel Gramm KCl entstehen?
>
> $2\,K + Cl_2 \rightarrow 2\,KCl$

> **Lösung**: Zuerst berechnet man die Stoffmenge des Kaliums. Da seine Masse angegeben ist, gilt $n = \frac{m}{M} = \frac{78}{39} = 2$ mol K.
>
> Da n(K) : n(KCl) = 2 : 2 (laut Gleichung) = 1:1 $\rightarrow$ n(K)=n(KCl) = 2 mol.
>
> Die gesuchte Masse des Kaliumchlorids ergibt sich aus der Formel m (KCl) = M x n = 74 g/mol x 2 mol = 148 g.

Prinzip Ladungsausgleich

Dieses Prinzip wird u. a. bei Redox-Reaktionen und in der Organik bei sämtlichen Mechanismen deutlicher, aber hier muss es ebenfalls erwähnt werden. Die Ladungen müssen auf beiden Seiten der Gleichung übereinstimmen. Das heißt, wenn z. B. links eine positive Ladung vorhanden ist, dann sollte auch auf der rechten Seite eine positive Ladung vorkommen. Sie kann sich z. B. aus zwei positiven und einer negativen Ladung auf dieser Seite ergeben, da ihre Gesamtsumme eine positive Ladung ergibt. Wichtig ist, dass die Netto-Ladungen übereinstimmen. Man tendiert gerade am Anfang dazu, auf der anderen Seite die Gegenladung positionieren zu wollen, was falsch ist.

Zusammenfassung und Tipps

Das Thema Stöchiometrie bereitet vielen am Anfang Schwierigkeiten. Man muss sich vor Augen führen, dass alle Aufgaben lösbar sind, wenn man sich die o. g. wenigen Formeln eingeprägt hat. Am hilfreichsten ist es, wenn man sich beim Lösen der jeweiligen Aufgabe sofort die Formeln zu den Größen aufschreibt, die in der Aufgabenstellung vorkommen. Steht also z. B. 300 g NaOH, sollte man sofort daran denken, dass damit die Masse angegeben ist. Dafür gibt es eine Formel: n = m / M. Generell gilt: Ist eine Masse angegeben, sofort die Stoffmenge berechnen (denn die Molare Masse kann man sich aus dem PSE herleiten).

Am Ende des Kapitels ist es sinnvoll, ein paar Aufgaben alleine zu rechnen, um zu überprüfen, ob ihr den Stoff verstanden habt. Die Musterlösungen werden kurz erklärt. Bei Schwierigkeiten könnt ihr die entsprechenden Abschnitte wiederholen.

Aufgabe: Wie viel Gramm H_3PO_4 sind in 250 ml einer 2 M Lösung enthalten?

Lösung: $c\ (H_3PO_4) = \frac{n}{V}$, c und V sind bekannt, gesucht wird n
→ n (H_3PO_4) = c x V = 2 mol/l x 0,25 l = 0,5 mol H_3PO_4
m (H_3PO_4) = M x n = 98 g/mol x 0,5 mol = 49 g H_3PO_4

Aufgabe: Berechnen Sie die Masse von 10 ml O_2 unter Normbedingungen.

Lösung n = $\frac{V}{V_m}$, V und V_m sind bekannt, gesucht wird n
→ n $(O_2) = \frac{0,01 l}{22,4 l/mol} = 4,5 \cdot 10^{-4}$ mol
m (O_2) = M x n = 32 g/mol x $4,5 \cdot 10^{-4}$ mol = 0,014 g O_2

Aufgabe: 112 g Eisen reagiert mit S gemäß Fe + S → FeS. Wie viel Gramm FeS entstehen dabei, wenn die Ausbeute 90 % beträgt?

Lösung: $n(Fe) = \frac{m}{M} = \frac{112 g}{55{,}8 g/mol} = 2$ mol

$n(Fe) = n(FeS) = 2$ mol, da im Verhältnis 1 : 1 zueinander laut Gleichung

$m(FeS) = M \times n = 87{,}8$ g/mol x 2 = 175,6 g FeS bei 100 %-iger Ausbeute

bei 90 %-iger Ausbeute: 175,6 g x 90 % = 175,6 g . 0,9 = 158 g

Kapitel 6

Thermodynamik, Kinetik, chemisches Gleichgewicht

Lernziele

- Thermodynamische Größen und ihre Interpretation
- freiwillige und unfreiwillige Reaktionen
- Gleichgewichtskonstante
- Einflussfaktoren des chemischen Gleichgewichts
- Katalyse

In diesem Kapitel beschäftigen wir uns mit den ausschließlich für die Chemie relevanten Aspekten der Themen Thermodynamik und Kinetik. Diese werden ausführlicher in den Physik-Lehrbüchern dargestellt. Außerdem betrachten wir noch das chemische Gleichgewicht.

Thermodynamik

Fangen wir mit der Thermodynamik (Wärmelehre) an. Sie beschäftigt sich mit der Umwandlung von Energie (in ihren unterschiedlichen Formen, z. B. Wärme), wobei Arbeit verrichtet werden kann. In Bezug auf Chemie muss man sich die Gibbs-Helmholtz-Gleichung merken:

$\Delta G = \Delta H - T\Delta S$.

Was bedeutet sie? Die Änderung der freien Enthalpie (Gibbs' freie Energie) ΔG gibt an, ob eine Reaktion spontan oder nicht spontan (nur unter bestimmten Bedingungen) abläuft. Ist $\Delta G < 0$, d.h. negativ, handelt es sich um eine exergone Reaktion, die thermodynamisch günstig ist. Bei einer exergonen Reaktion wird Energie frei. Da nun wiederum keine Energie zugeführt werden muss, um die Reaktion in Gang zu setzen, sondern bei der Produktbildung einfach Energie abgegeben wird, ist die Reaktion spontan. Nach den Gesetzen der Physik sind die Produkte einer chemischen Reaktion stabil, wenn sie energieärmer als die Edukte sind:

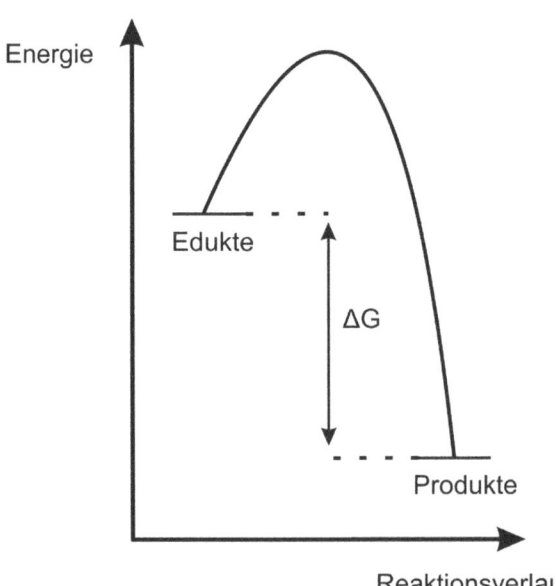

Kapitel 6. Thermodynamik, Kinetik, chemisches Gleichgewicht

Aus der Grafik wird der Unterschied der Energien der Edukte und Produkte klar. Dieser Unterschied ist ΔG. Auf dieser Abbildung ist die Differenz negativ, d. h. kleiner als 0, da offenbar die Edukte mehr Energie haben als die Produkte. Dieser Energiebetrag wird bei der Reaktion freigesetzt.

Ist $\Delta G > 0$, d. h. positiv, handelt es sich um eine endergone Reaktion. Bei einer endergonen Reaktion muss Energie zugeführt werden, d. h. bei ihr wird Energie aufgenommen und nicht abgegeben wie bei einer exergonen Reaktion. Endergone Reaktionen sind thermodynamisch ungünstig, da sie auf Energie angewiesen sind. Man sagt prinzipiell, dass endergone Reaktionen nicht spontan ablaufen. (Um ganz genau zu sein: Sie laufen zwar „spontan" ab, aber das Gleichgewicht liegt auf der Seite der Edukte und nicht der Produkte.) Sie können aber durchaus ablaufen, wenn eine andere, exergone Reaktion an die endergone Reaktion gekoppelt ist, wie z. B. im menschlichen Körper am häufigsten durch die Hydrolyse von ATP (Adenosintriphosphat) zu ADP (Adenosindiphosphat) und Phosphat ($\rightarrow$ Biochemie). Die bei der Hydrolyse von der sehr energiereichen Verbindung ATP freiwerdende Energie wird benutzt, um die daran gekoppelte endergone Reaktion in Gang zu setzen, da diese Energie benötigt bzw. aufnimmt.

Bei $\Delta G = 0$ befindet sich die chemische Reaktion im Gleichgewicht, es werden also pro Zeiteinheit genauso viele Produkte aus den Edukten bzw. Edukte aus den Produkten gebildet:

$A + B \rightleftharpoons C + D$

Die Enthalpie (H) ist die Wärmeenergie (Wärmeinhalt) des Systems. Man beachte, dass in der Gibbs-Helmholtz-Gleichung die Änderung (deswegen ΔH und nicht H) der Enthalpie benutzt wird, da dabei die Änderung des Wärmeinhalts des Systems während der Reaktion wichtig ist. Wird bei einer Reaktion Wärme abgegeben, handelt es sich um eine exotherme (exo bedeutet außen) Reaktion und ΔH ist negativ. Ergibt dies überhaupt Sinn? Ja: Wird bei einer

Reaktion Wärme abgegeben, verliert das System an Wärme. Somit nimmt ihr Wärmeinhalt ab. Der Wärmeinhalt des Systems ändert sich um ΔH. Und umgekehrt: Wird bei einer Reaktion Wärme aufgenommen, spricht man von einer endothermen (endo bedeutet innen) Reaktion. Dabei ist ΔH positiv, da der Wärmeinhalt des Systems bei Energieaufnahme steigt.

Die Temperatur wird in der Thermodynamik üblicherweise in Kelvin angegeben, nicht in Celsius. Es gilt: Grad in Kelvin = Grad in Celsius + 273. Hier sollte man sich außerdem merken, dass der absolute Nullpunkt bei 0 Kelvin liegt. Unterhalb diesen Wertes findet keine Bewegung statt, auch nicht von Elektronen etc.

Die letzte Größe, mit der wir uns beschäftigen, ist die Entropie oder die Unordnung, S. Man beachte, dass man ihre Änderung misst, deswegen ΔS. Es ist wichtig zu wissen, ob im Laufe der Reaktion die Unordnung des Systems steigt oder sinkt. Und man sollte sich merken, dass die Natur Unordnung bevorzugt. Wird z. B. im Laufe einer Reaktion ein Gas gebildet, steigt die Entropie, da Gase kein eigenes Volumen haben, sondern das Volumen des Systems (z. B. mit einem Stopfen verschlossenen Kolben) einnehmen.

Aufgaben zur Thermodynamik sind relativ selten. Man sollte in der Lage sein, die Änderung der Größen in der Gibbs-Helmholtz-Gleichung anhand einer Reaktionssgleichung vorherzusagen und sie zu erklären.

Aufgabe: Ein Stück Kalium wird in Wasser gelöst. Dabei bilden sich nach einer heftigen Reaktion Kalilauge KOH und H_2 gemäß:

$2\,K + 2\,H_2O \rightarrow 2\,KOH + H_2$

a) Mit welcher Gleichung kann man die Thermodynamik dieses Systems allgemein beschreiben und wie heißt sie?

b) Wie ändern sich ΔG, ΔH und ΔS?

Kapitel 6. Thermodynamik, Kinetik, chemisches Gleichgewicht

> **Lösung**: a) $\Delta G = \Delta H - T\Delta S$, Gibbs-Helmholtz-Gleichung.
>
> b) Prinzipiell könnte man bei einer beliebigen Größe anfangen. Am einfachsten ist es, wenn man sich die Reaktionsprodukte genau ansieht. Man merkt, dass Wasserstoff-Gas entsteht. Gase sind sehr unordentlich (s. o.), die Entropie steigt also, da das Volumen aufgrund der Gasentwicklung steigt. Hat man die Reaktion z. B. in der Schule gesehen, weiß man, dass sie sehr heftig ist und spontan abläuft (manchmal sogar mit einer auf dem Wasser schwimmenden Flamme). Deswegen wird ΔG sinken bzw. negativer werden. (Natürlich ist immer ein gewisses Risiko dabei, dass man den Vorgang gar nicht kennt. Meistens handelt es sich aber um bekanntere Reaktionen (s. Kapitel *Chemie der Elemente*), von denen man eigentlich schon gehört haben sollte.) Bezüglich ΔH müssen wir uns noch einmal kurz die Aufgabenstellung anschauen. Da steht, dass es sich um eine heftige Reaktion handelt. Dies heißt, dass Wärme (z. B. Flamme auf der Wasseroberfläche) abgegeben wird. Somit sinkt ΔH, da der Wärmeinhalt abnimmt und Wärme „verloren" geht bzw. abgegeben wird.

Gleichgewicht

Beschäftigen wir uns nun mit dem chemischen Gleichgewicht. Prinzipiell unterscheidet man zwischen reversiblen und irreversiblen Reaktionen. Wie der Name schon sagt, verläuft eine irreversible Reaktion unumkehrbar nur in einer Richtung ab, z. B.: $NaOH + HCl \rightarrow NaCl + H_2O$. Die Edukte (Reaktanten) werden also vollständig zu Produkten umgewandelt und folglich stellt sich kein Gleichgewicht ein, da nur eine Reaktion abläuft. Eine reversible Reaktion verläuft dagegen in beide Richtungen, sie ist also umkehrbar: $PCl_5 \rightleftharpoons PCl_3 + Cl_2$. In diesem Fall spricht man von einer Gleichgewichtsreaktion, da zwei Reaktionen parallel ablaufen. Die Reaktion, die von links nach rechts abläuft, bezeichnet man als Hinreaktion, also Edukt(e) $\rightarrow$ Produkt(e). Die Reaktion, die von rechts nach links abläuft, ist die Rückreaktion, also Produkt(e) → Edukt(e). Beim Gleichgewicht ist die Geschwindigkeit der Hin- und Rückreaktion gleich: $V_{hin} = V_{rück}$. Das heißt, dass pro Zeiteinheit die gleichen Mengen Produkte aus den Edukten und Edukte aus den Produkten hergestellt werden, aufgrund der gleichen Geschwindigkeiten der Hin- und Rückreaktion. Man spricht von einem dynamischen Gleichgewicht, da Änderungen und Reationen in ihm trotzdem ablaufen (können), obwohl es auf den ersten Blick wie ein statisches System erscheint (s. u. Einfluss der Faktoren Temperatur, Druck und Konzentration).

Indem man das Massenwirkungsgesetz und die Überlegung, dass beim Gleichgewicht $V_{hin} = V_{rück}$ ist, in Verbindung bringt, kann man für eine beliebige Reaktion im Gleichgewicht die sog. Gleichgewichtskonstante K_c formulieren. Nehmen wir eine Reaktion in allgemeiner Form:

aA + bB ⇌ cC + dD

K_c dieser Reaktion ist definiert als:

$$K_c = \frac{[C]^c[D]^d}{[A]^a[B]^b}$$

Dabei stehen die Großbuchstaben A, B, C und D für die jeweiligen Stoffe (Edukte bzw. Produkte), die an der Reaktion beteiligt sind. Jeder davon ist in eckigen Klammern angegeben, da damit seine molare Konzentration (in mol/L) gemeint ist, deswegen auch der Buchstabe c in Kc, für concentration. Somit heißt [A] nichts anderes als c(A), also beide bezeichnen die molare Konzentration des Stoffes A in mol/L. Die Darstellung in eckigen Klammern ist heutzutage üblicher. Die Kleinbuchstaben a, b, c und d stehen für die Anzahl der Äquivalente, mit dem jeder dieser Stoffe beteiligt ist. Es ist also zu beachten, dass die Produkte im Zähler (d. h. oben im Bruch), die Edukte im Nenner (d. h. unten im Bruch) stehen. Die Anzahl der Äquivalente jeden Stoffes steht als Potenz über seiner Konzentration. Kc ist eine Konstante bei einer (konstanten) Temperatur, d. h. ihre Werte ändern sich bei unterschiedlichen

Kapitel 6. Thermodynamik, Kinetik, chemisches Gleichgewicht

Temperaturen.

Häufig fragt man sich, was überhaupt das Massenwirkungsgesetz (MWG) ist. Man kann sich allgemein merken, dass die Vorgabe in einer Aufgabe, das MWG für eine Reaktion anzuwenden, nichts anderes als die Formel der Gleichgewichtskonstante Kc meint. Streng genommen betrachtet das MWG das Verhältnis der Aktivitäten der Produkte und Edukte einer bestimmten Reaktion und nicht der Konzentrationen (wie bei Kc).

K_c ist z. B. für die Reaktion $2\,CO + O_2 \rightleftharpoons 2\,CO_2$ folgendermaßen definiert:

$$K_c = \frac{[CO_2]^2}{[CO]^2[O_2]}$$

Für die Reaktion $C + O_2 \rightleftharpoons CO_2$ ist K_c aber:

$$K_c = \frac{[CO_2]}{[O_2]}$$

Es ist kein Fehler, dass die molare Konzentration des Kohlenstoffs nicht in K_c enthalten ist. Warum ist dies so? Die Konzentrationen der Feststoffe werden in K_c nicht betrachtet, bzw. sie werden als konstant bzw. gleich 1 angesehen. Nun ergibt sich natürlich das Problem, dass man bei einer unbekannten Reaktion automatisch auch die Aggregatzustände der Edukte und Produkte kennen muss, um K_c richtig zu formulieren. Dies ist meistens nicht wirklich notwendig, da die Aggregatzustände unter jedem Stoff als Index angegeben werden: (s) = solid, Feststoff; (g) = gas, Gas; (fl) = fluid, Flüssigkeit; (aq) = aquaeos, wässrige Lösung. Zum Beispiel:

$2\,CO_{(g)} + O_{2(g)} \rightleftharpoons 2\,CO_{2(g)}$

Bei dieser Reaktion sind alle beteiligten Stoffe gasförmig. In diesem Fall kann man anstatt der molaren Konzentrationen die Partialdrücke benutzen. Somit formuliert man nicht K_c, sondern K_p:

$$K_\mathsf{p} = \frac{p^2[\mathrm{CO_2}]}{p^2[\mathrm{CO}]p[\mathrm{O_2}]}$$

Der einzige Unterschied ist, dass hier die Partialdrücke benutzt werden und nicht die molaren Konzentrationen wie bei K_c. Sonst läuft alles wie bekannt ab. Der Begriff Partialdruck ist Gegenstand der Physik. Trotzdem kann man sich an dieser Stelle merken, dass er der Anteil eines Gases am gesamten Gasgemisch ist.

Katalyse

Katalysatoren sind Stoffe, die in kleiner Konzentration den Ablauf einer Reaktion beschleunigen. Wichtig ist, dass der Katalysator im Laufe der Reaktion zwar modifiziert, aber danach wiederhergestellt wird, sodass er im Endeffekt nach der Reaktion qualitativ und quantitativ unverändert bleibt. Wie schaffen es Katalysatoren, den Ablauf chemischer Reaktionen zu beschleunigen? Indem sie die Aktivierungsenergie herabsetzen. Dieses Thema wird sowohl in der Biologie als auch in der Biochemie genauer betrachtet, deswegen hier nur die für die Chemie benötigten Inhalte.

Um eine bestimmte Reaktion in Gang zu setzen, muss erst einmal die Aktivierungsenergie (Ea) überwunden werden. Dies ist eine Art Barriere, da dabei die Edukte in einen ungünstigeren (energiereicheren) Zustand (Übergangszustand) überführt werden. Dem Katalysators fällt die Rolle zu, diesen Übergangszustand zu stabilisieren, er wird also somit energieärmer. So sinkt auch die Barriere (da weniger Energie benötigt wird), die überwunden werden muss, um die Reaktion zu starten.

Eine chemische Reaktion kann außerdem beschleunigt werden, indem man die Temperatur erhöht. Woran liegt das? In der Physik lernt man die Thermodynamik ausführlicher kennen. Prinzipiell kann man sagen, dass die Teilchenbewegung von der Temperatur abhängt. Deswegen findet bei 0 K keine Bewegung mehr statt („absoluter Nullpunkt"). Demnach steigt die Geschwindkeit der Bewegung der Teilchen mit (Erhöhung) der Temperatur. Daraus folgt, dass bei hoher Temperatur die Geschwindigkeit ihrer Bewegung höher ist. Deswegen steigt die Wahrscheinlichkeit, dass sie zusammenstoßen (da sie sich viel schneller bewegen) und es somit zur Reaktion zwischen ihnen kommt. Eine Erhöhung der Temperatur um 10°C beschleunigt die Geschwindigkeit einer Reaktion allgemein zwei- bis viermal. Die Erhöhung der Temperatur ist aber alleine nicht immer ausreichend, deswegen wird häufig bei hohen Temperaturen zusätzlich mit Katalysatoren gearbeitet, um die Prozesse effizienter zu gestalten.

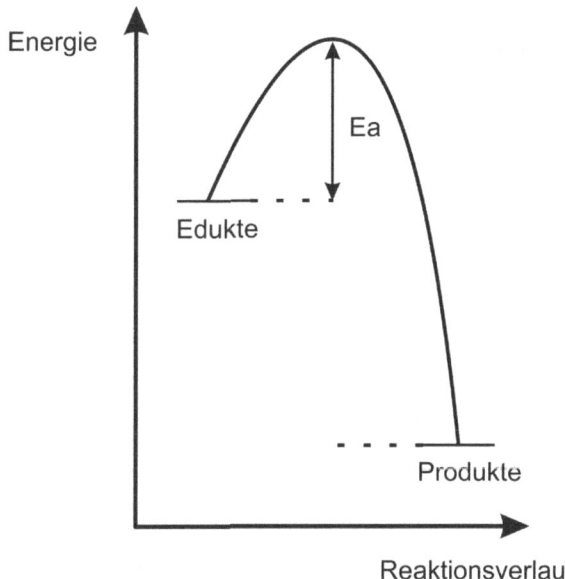

An dieser Stelle eine wichtige Anmerkung: Katalysatoren beschleunigen zwar das Erreichen des chemischen Gleichgewichts (indem sie die Aktivierungsenergie herabsenken), sie beeinflussen aber das Gleichgewicht an sich (auf welcher Seite es liegt) nicht!

Wie kann man nun das dynamische Gleichgewicht beeinflussen, also es auf eine der beiden Seiten verschieben? Es gibt drei Faktoren: Temperatur,

Konzentration und Druck. Bevor wir sie einzeln betrachten, wird hier das Prinzip des kleinsten Zwanges eingeführt (Le-Chatelier-Prinzip). Es besagt, dass, wenn man auf ein sich im chemischen Gleichgewicht befindendes System einen Zwang ausübt, sich als Antwort auf diese Störung ein neues Gleichgewicht einstellt, das dem Zwang entgegenwirkt. Was das genau bedeutet, wird nun erklärt:

Einfluss der Temperatur. Wir haben schon die exo- und endothermen Reaktionen kennengelernt. Bei einer exothermen Reaktion wird Wärme abgegeben. Bei einer endothermen Reaktion wird Wärme aufgenommen. Betrachten wir eine allgemeine Reaktion im Gleichgewicht:

$A + B \rightleftharpoons C + D$

Dabei ist immer eine der beiden Reaktionen exotherm, die andere endotherm. Nehmen wir einfach an, dass bei unserem Beispiel die Hinreaktion exotherm ist. Bei ihr wird also Wärme abgegeben. Die Rückreaktion wird demnach Wärme benötigen, um in Gang gesetzt zu werden. Sie ist folglich endotherm.

Wenn wir nun die Temperatur erhöhen, stellt die Erhöhung der Temperatur den Zwang im Gleichgewicht dar und muss nach dem Prinzip des kleinsten Zwangs minimiert werden. Wie läst sich das bewerkstelligen? Natürlich indem die zugeführte zusätzliche Wärme verbraucht wird. Demnach wird die endotherme (bei uns Rück-)Reaktion begünstigt, da sie Wärme verbraucht. Folglich wird sich das Gleichgewicht auf die Seite der Rückreaktion verschieben, also auf die Seite der Edukte.

Wenn wir die Temperatur absinken lassen, ist die Abnahme der Temperatur unser Zwang. Er muss nach dem Prinzip des kleinsten Zwangs minimiert werden. Wie lässt sich das bewerlstelligen? Indem der Abnahme der Temperatur im System entgegengewirkt wird. Demnach wird die exotherme (bei uns Hin-)Reaktion begünstigt, da sie Wärme erzeugt. Folglich wird sich das

Gleichgewicht auf die Seite der Hinreaktion verschieben, also auf die Seite der Produkte.

Beim Faktor Temperatur merkt man sich also: Erhöhung der Temperatur → endotherme Reaktion begünstigt; Absinken der Temperatur → exotherme Reaktion begünstigt.

Einfluss der Konzentration. Wir betrachten wieder eine Reaktion in allgemeiner Form, die sich im Gleichgewicht befindet:

A + B ⇌ C + D

Wird nun die Konzentration von einem der Edukte erhöht, ist diese Erhöhung der Eduktkonzentration unser „Zwang". Ihm muss entgegengewirkt werden. Demnach wird die Hinreaktion begünstigt, das Gleichgewicht verschiebt sich also auf die Seite der Produkte, da somit mehr Edukt(e) zu Produkt(en) umgewandelt wird (werden). Daraus folgt, dass die erhöhte Konzentration der Edukte sinkt, da sie verstärkt zu Produkten umgewandelt werden.

Wird die Konzentration eines der Edukte reduziert, ist dies der „Zwang". Ihm wird entgegengewirkt, indem mehr Produkte zu Edukten umgewandelt werden. Somit steigt die abgesenkte Konzentration der Edukte und das Gleichgewicht verschiebt sich auf die Seite der Edukte, es wird also die Rückreaktion begünstigt.

Natürlich kann man auch die Konzentration der Produkte erhöhen bzw. erniedrigen. Wird diese erhöht, wird die Rückreaktion begünstigt, da somit mehr Edukt(e) hergestellt werden und die erhöhte Produktkonzentration (Zwang) sinkt. Wird sie erniedrigt, wird die Hinreaktion begünstigt, da somit mehr Produkt(e) hergestellt werden und ihre abgesenkte Konzentration erhöht wird, also wird dem „Zwang" entgegengewirkt.

Einfluss des Drucks. Hier muss man aufpassen. Der Druck kann das Gleichgewicht nur dann verschieben, wenn mindestens einer der beteiligten Stoffe (Edukte oder Produkte) gasförmig ist. (Natürlich muss man auch ein geschlossenes System betrachten, das ist aber für die Aufgaben selbstverständlich und man muss dies nicht extra angeben. Außerdem muss die ganze Zeit das Volumen konstant gehalten werden. Näheres dazu in der Physik.)

Betrachten wir nun die allgemeine Reaktion, bei der alle Stoffe gasförmig sind:

4 A + 3 B ⇌ 5 C

Die wichtigste Voraussetzung ist erfüllt, denn alle Stoffe sind gasförmig. So können wir uns den Einfluss des Druckes ansehen. Wird der Druck erhöht, ist die Druckerhöhung unser „Zwang". Das Gleichgewicht verschiebt sich zu der Seite, auf der weniger Volumina vorhanden sind. So werden also weniger Moleküle durch die Druckerhöhung „gestört". Unter Volumina versteht man hier die Anzahl der Äquivalente, mit denen jeder Stoff an der Reaktion beteiligt ist. Auf der linken Seite haben wir also 4 (vom Stoff A) + 3 (vom Stoff B) = 7 Volumina insgesamt. Auf der rechten Seite sind es 5 Volumina (vom Stoff C). Demnach verschiebt sich das Gleichgewicht auf die Seite der Produkte, also der Hinreaktion, da dort weniger Volumina vorhanden sind.

Wird der Druck erniedrigt, verhalten sich die Zusammenhänge umgekehrt. Es wird die Reaktion begünstigt, die zur Ausbildung von mehr Volumen führt. Bei uns wäre dies die linke Seite, also die Rückreaktion, da es dort 7 Volumina gibt.

Es ist klar, dass der Druck das Gleichgewicht nicht beeinflussen könnte, wenn auf beiden Seiten der Gleichung die gleiche Anzahl von Volumina stehen, z. B.:

A + B ⇌ C + D

2 A + 4 B ⇌ C + 5 D

Aufgabe: Unter welchen Bedingungen (Temperatur, Konzentration, Druck) wird sich das chemische Gleichgewicht bei den folgenden Reaktionen auf die Seite der Produkte verschieben:

Kapitel 6. Thermodynamik, Kinetik, chemisches Gleichgewicht

1) $N_{2(g)} + 3\,H_{2(g)} \rightleftharpoons 2\,NH_{3(g)}$, $\Delta H < 0$
2) $N_{2(g)} + O_{2(g)} \rightleftharpoons 2\,NO_{(g)}$, $\Delta H > 0$
3) $CaCO_{3(s)} \rightleftharpoons CaO_{(s)} + CO_{2(g)}$, $\Delta H > 0$

Lösung 1) Die Enthalpie (= Wärmeinhalt des Systems) ist negativ, da $\Delta H < 0$. Demnach wird bei der Hinreaktion (Bildung des Produkts NH_3) Wärme abgegeben. Folglich handelt es sich um eine exotherme Reaktion. Um die Produktbildung zu begünstigen, muss man die Temperatur absinken lassen.

Die Konzentration der Edukte sollte erhöht werden, um die Produktbildung zu fördern.

Der Druck muss erhöht werden, da links 4 Volumina (1 + 3) und rechts 2 vorhanden sind.

Lösung 2) Die Enthalpie ist positiv, da „$\Delta H > 0$". Demnach wird bei der Hinreaktion (Bildung des Produkts NO) Wärme aufgenommen. Folglich handelt es sich um eine endotherme Reaktion. Um die Produktbildung zu begünstigen, muss man die Temperatur erhöhen.

Die Konzentration der Edukte sollte erhöht werden, um die Produktbildung zu fördern.

Der Druck hat keinen Einfluss, da auf beiden Seiten jeweils 2 Volumina vorhanden sind.

Lösung 3) Die Enthalpie ist positiv, da „$\Delta H > 0$". Demnach wird bei der Hinreaktion (Bildung der Produkte CaO und CO_2) Wärme aufgenommen. Folglich handelt es sich um eine endotherme Reaktion. Um die Produktbildung zu begünstigen, muss man die Temperatur erhöhen.

Die Konzentration der Edukte sollte erhöht werden, um die Produkt-

> bildung zu fördern.
>
> Der Druck muss gesenkt werden, um die Produktbildung zu fördern, da rechts mehr Volumina vorhanden sind.

In Bezug auf Kinetik (Geschwindkeit) lässt sich sagen, dass das Thema in den Chemie-für-Mediziner-Prüfungen fast gar keine Bedeutung hat, da dazu so gut wie keine Aufgaben gestellt werden können.

Kapitel 7

Säuren und Basen

Lernziele

- Säuren-und-Basen-Konzepte

- pH-Aufgaben

Konzept nach Arrhenius

Das Konzept von Arrhenius stellt die klassische Definition von Säuren und Basen dar.

Als Säuren werden Substanzen bezeichnet, die in Wasser zu Wasserstoff-Kationen H^+ und Anionen dissoziieren:

Allgemein: $HA \rightleftharpoons H^+ + A^-$

Konkretes Beispiel: $HCl \rightleftharpoons H^+ + Cl^-$

Die freigesetzten H^+ werden von Wassermolekülen hydratisiert, sodass sich Oxonium-Ionen bilden:

$H^+ + H_2O \rightleftharpoons H_3O^+$

Anmerkung 1: Die Begriffe Wasserstoff-Kation bzw. Proton (H^+) werden im Kapitel an manchen Stellen der Einfachheit halber benutzt, auch wenn eigentlich ein Oxonium-Ion gemeint ist. Dies ist in der Chemie üblich.

Deswegen kann die Dissoziation einer Säure auch so beschrieben werden:

Allgemein: $HA + H_2O \rightleftharpoons H_3O^+ + A^-$

Konkretes Beispiel: $HCl + H_2O \rightleftharpoons H_3O^+ + Cl^-$

Hiermit macht man deutlich, dass die Säure ihre Protonen auf das Wasser überträgt und sich dabei Oxonium-Ionen vom Wasser bilden. Es liegt nahe, dass das Oxonium-Ion nichts anderes als ein Wassermolekül mit einem zusätzlichen Proton ist.

Anmerkung 2: Um ganz korrekt zu sein: Im ursprünglichen Konzept benutzte Arrhenius kein Wasser bei der Darstellung der Dissoziation der Säuren. Somit wurde auch das Oxoniumion noch nicht benutzt. Demnach sah bei ihm die Dissoziation nur so aus: $HA \rightleftharpoons H^+ + A^-$ und nicht so: $HA + H_2O \rightleftharpoons H_3O^+ + A^-$. Heutzutage werden beide Schreibweisen gleichgesetzt. Wir führen die ausführlichere Schreibweise jetzt jedoch noch in diesem Konzept ein, damit man sich von Anfang an mit ihr vertraut macht.

Im Kapitel *Chemische Summen- und Strukturformeln* wurden die wichtigsten Vertreter der Stoffklasse der Säuren aufgelistet. Es wurden auch ihre Summen- und Strukturformeln erläutert. Jetzt wollen wir uns mit der Dissoziation von Säuren beschäftigen.

Bei einprotonigen Säuren (= ein H-Atom im Molekül) gibt es eine einzige Dissoziationsstufe, da im Molekül eh nur ein einziges H-Atom vorhanden ist:

$HCl + H_2O \rightleftharpoons H_3O^+ + Cl^-$

Dabei entsteht ein Oxonium-Ion und das jeweilige Anion der Säure.

Interessanter sind die mehrprotonigen (= mehr als ein H-Atom im Molekül) Säuren. Die wichtigsten mehrprotonigen Säuren haben zwei (H_2SO_4, H_2SO_3, H_2CO_3 usw.) oder drei (H_3PO_4, H_3PO_3) H-Atome. Nehmen wir die Phosphorsäure als Beispiel. Im Kapitel *Chemische Summen- und Strukturformeln* wurden die Gesamtdissoziationen schon erläutert. Dabei werden alle im Molekül vorhandenen H-Atome auf einmal dissoziiert:

$H_3PO_4 + 3\,H_2O \rightleftharpoons 3\,H_3O^+ + PO_4^{3-}$

Kapitel 7. Säuren und Basen

Praktisch läuft die Dissoziation aber nicht so ab. Um etwas konkreter zu werden, benutzt man die stufenweise Dissoziation bei mehrprotonigen Säuren. Dabei gibt es so viele Dissoziationsstufen wie H-Atome in der Summenformel. Bei H_3PO_4 gibt es demnach 3 Dissoziationsstufen, da drei H-Atome im Molekül vorkommen. Bei jeder Dissoziationsstufe wird lediglich ein einziges H^+ (in Form von H_3O^+) dissoziiert. Es sieht also folgendermaßen aus:

1) $H_3PO_4 + H_2O \rightleftharpoons H_3O^+ + H_2PO_4^-$

Von H_3PO_4 wird nur ein H^+ abgespalten. Vom Molekül verbleibt noch $H_2PO_4^-$, also die ursprüngliche Säure, aber mit einem H-Atom weniger, da dieses schon abgespalten und auf das Wasser-Molekül übertragen wurde. Das so gebildete Anion muss einfach negativ geladen sein, weil links keine Ladung vorkommt und rechts die positive Ladung des H_3O^+ aufgehoben werden muss. Es heißt Dihydrogenphosphat („Zwei-Wasserstoff-Phosphat").

2) $H_2PO_4^- + H_2O \rightleftharpoons H_3O^+ + HPO_4^{2-}$

Bei der zweiten Etappe dissoziiert das oben gebildete Anion weiter. Es wird wieder ein H-Atom abgespalten. Das HPO_4^{2-} Anion ist zweifach negativ geladen, da links eine negative Ladung steht und folglich auf der rechten Seite ebenfalls eine negative Ladung herauskommen muss. Dort ist aber schon eine positive Ladung vorhanden. Die Summe aus ihr und den zwei negativen Ladungen des Anions ergibt -1. Das gebildete Anion heißt Hydrogenphosphat („Wasserstoff-Phosphat").

3) $HPO_4^{2-} + H_2O \rightleftharpoons H_3O^+ + PO_4^{3-}$

Bei der letzten Etappe wird das letzte H-Atom des im 2. Schritt gebildeten Anions dissoziert. Das gebildete Anion heißt Phosphat und ist dreifach negativ geladen. Die Ladungsbilanz stimmt auch: links -2, rechts +1 und -3, was ebenfalls -2 ergibt.

Es empfiehlt sich, die Ladungen der unterschiedlichen Anionen nicht auswendig zu lernen, denn man tendiert häufig zu Fehlern! Am einfachsten ist es, wenn man sich die Ladungen (wie oben erklärt) herleitet oder, noch besser, wenn man die jeweiligen Strukturformeln benutzt. So ist die Chance, einen Fehler zu machen, noch geringer, z. B. für die erste Dissoziationsstufe der Phosphorsäure:

$$\text{HO}-\overset{\overset{O}{\|}}{\underset{\underset{OH}{|}}{P}}-\text{OH} + \text{H}_2\text{O} \rightleftharpoons \text{HO}-\overset{\overset{O}{\|}}{\underset{\underset{OH}{|}}{P}}-\text{O}^{\ominus} + \text{H}_3\text{O}^+$$

Hier wird ersichtlich, dass von der Phosphorsäure ein H-Atom abgespalten wird und das gebildete Dihydrogenphosphat **eine** negative Ladung hat.

Nach dem Le Chatelier-Prinzip überwiegt die erste Dissoziationsstufe. Dies liegt daran, dass sich bei der 2. und 3. Dissoziationsstufe H_3O^+ ansammeln und somit das Gleichgewicht auf die linke Seite verschoben wird. Wenn aber H_3PO_4 in Wasser gelöst wird, gibt es in der Lösung alle drei Phosphor-Anionen, wenn auch in unterschiedlichem Verhältnis zueinander, d. h. mehr Dihydrogenphosphat als Monohydrogenphosphat und Phosphat.

Hier wird die Dissoziation der Schwefelsäure formuliert. Ihr könnt sie als Beispielaufgabe benutzen und dann eure Gleichungen auf Richtigkeit überprüfen.

$H_2SO_4 + H_2O \rightleftharpoons H_3O^+ + HSO_4^-$ (Hydrogensulfat)

$HSO_4^- + H_2O \rightleftharpoons H_3O^+ + SO_4^{2-}$ (Sulfat)

Zum Abschluss möchten wir noch erwähnen, dass man Säuren allgemein in schwache und starke Säuren unterteilen kann. Stark sind die meisten „klassischen" anorganischen (Mineral-)Säuren: HCl, H_2SO_4, H_3PO_4, HNO_3, alle Halogenwasserstoffsäuren (HF, HCl, HBr, HI). Schwache anorganische Säuren sind Kohlensäure H_2CO_3 sowie alle „-igen"-Säuren: H_2SO_3, H_3PO_3, HNO_2. Die starken Säuren dissoziieren vollständig, die schwachen unvollständig, mehr dazu im Kapitel *Elektrolyte*.

Basen (Laugen) sind nach Arrhenius ionische Verbindungen, die aus Metall-Kationen und Hydroxid-Anionen bestehen: $M(OH)_x$, wobei x die Anzahl der OH-Gruppen bzw. gleich der Ladung des Metallkations ist. Klassische Beispiele sind die starken Alkali-Laugen Natronlauge NaOH und Kalilauge KOH (K und Na sind in Verbindungen beide einwertig, deswegen eine OH-Gruppe), die starke Erdalkali-Lauge Calciumhydroxid $Ca(OH)_2$ (Calcium ist zweiwertig, deswegen zwei OH-Gruppen im Molekül). Man sollte sich an dieser Stelle merken, dass die Laugen der Alkali-Elemente (1. Hauptgruppe) die stärksten überhaupt sind. Diejenigen der Erdalkali-Gruppe (2. Hauptgruppe) sind generell stark bis mittelstark. Aus der dritten Hauptgruppe sollte man das Aluminiumhydroxid $Al(OH)_3$ kennen, welches amphoter ist, d.h. sowohl als Säure als auch als Base reagiert (Kapitel *Chemie der Elemente*). Das Ammoniumhydroxid, welches bei der Reaktion zwischen Ammoniak und Wasser entsteht, ist schwach:

$NH_3 + H_2O \rightleftharpoons NH_4OH \rightleftharpoons NH_4^+ + OH^-$

(NH_3 ist keine Arrhenius-Base, seine basischen Eigenschaften werden vom Brönsted-Prinzip erklärt, s.u.)

Die Dissoziation der Laugen ist einfacher. Es entstehen Metall-Kationen und Hydroxid-Anionen:

Allgemein:

$M(OH)_x \rightleftharpoons M^{x+} + x\ OH^-$,

x = Anzahl der OH-Gruppen bzw. Ladung des Metall-Kations

Konkrete Beispiele:

$KOH \rightleftharpoons K^+ + OH^-$ (x = 1)

$Ca(OH)_2 \rightleftharpoons Ca^{2+} + 2\ OH^-$ (x = 2)

$Al(OH)_3 \rightleftharpoons Al^{3+} + 3\ OH^-$ (x = 3)

Nehmen wir das $Ca(OH)_2$ als Beispiel. Laut Definition entstehen bei der

Dissoziation (Calcium-)Metall-Kationen und Hydroxid-Anionen. Das Metall-Kation ist natürlich positiv geladen, da es ein Kation ist. Es ist zweifach positiv geladen, da im Molekül zwei OH-Gruppen vorhanden sind, d. h. x = 2. Es entstehen außerdem zwei Hydroxid-Gruppen (-Äquivalente), da im Ca(OH)$_2$-Molekül zwei vorhanden sind. Die Überlegungen bei KOH und Al(OH)$_3$ sind analog.

Starke Laugen sind die Alkali- und die meisten Erdalkali-Laugen. Schwach sind die Basen der Elemente der dritten Hauptgruppe (Al(OH)$_3$) und diejenigen der Nebengruppenelemente (z.B. Cu(OH)$_2$).

Konzept von Brönsted und Lowry

Die Säuren-Basen-Theorie von Brönsted und Lawry ist etwas umfassender.

Säuren sind nach Brönsted und Lawry Protonendonatoren, sie geben also H$^+$ ab. Basen werden als Protonenakzeptoren definiert, sie nehmen also (die durch die Säuren/Protonendonatoren abgegebenen) H$^+$ auf. Solche Reaktionen verlaufen demnach aneinandergekoppelt ab, da die Säure H$^+$ abgibt und die Base dieses H$^+$ aufnimmt.

Nehmen wir die Dissoziation von HCl als Beispiel:

HCl + H$_2$O $\rightleftharpoons$ H$_3$O$^+$ + Cl$^-$

Man merkt, dass HCl natürlich die Säure ist, da sie H$^+$ abgibt (und dann zu Cl$^-$ wird). Wasser fungiert als Base, da sie H$^+$ aufnimmt (und dann zu H$_3$O$^+$ wird). Das Chlorid-Ion Cl$^-$ ist die konjugierte/korrespondierte Base der Säure HCl, da es aus der Säure HCl durch Abgabe von H$^+$ entsteht und H$^+$ theoretisch wieder (als Base) aufnehmen könnte. H$_3$O$^+$ ist die konjugierte/korrespondierte Säure der Base H$_2$O, da es durch Aufnahme eines Protons (H$^+$ von der Base Wasser) entsteht und es im jetzigen Zustand ein zusätzliches Proton hat, das es abgeben könnte (als eine Säure). (Anmerkung: Die Begriffe konjugiert bzw. korrespondierend in Bezug auf Basen und Säuren sind synonym.)

Es gibt Stoffe, die sowohl Protonen abgeben (Säure) als auch Protonen aufnehmen (Base) können. Sie bezeichnet man als Ampholyte/amphotere Verbindungen. Wasser ist ein klassisches Beispiel dafür:

$H_2O + H_2O \rightleftharpoons H_3O^+ + OH^-$

Wenn wir uns vorstellen, dass das erste Wassermolekül sauer reagiert und ein Proton auf das zweite Wassermolekül überträgt, fungiert letzteres als Base, da es das H^+ aufnimmt. Aus der Säure entsteht OH^- (deprotonierte Säure, d. h. Säure ohne H^+, also konjugierte Base der Säure) und aus der Base entsteht H_3O^+ (protonierte Base, d. h. Base mit H^+, also konjugierte Säure der Base).

Da die Brönsted-Lawry-Theorie umfassender als die von Arrhenius ist, können hiermit z. B. die basischen Eigenschaften von NH_3 erklärt werden:

$NH_3 + H_2O \rightleftharpoons NH_4^+ + OH^-$

Ammoniak (Base) reagiert mit Wasser (Säure). Die Säure Wasser gibt ein Proton ab, welches von der Base Ammoniak aufgenommen wird. Somit entstehen die konjugierte Base OH^- der Säure H_2O und die konjugierte Säure NH_4^+ der Base NH_3.

Konzept von Lewis

Die Lewis-Theorie unterscheidet sich von den Konzepten von Arrhenius und Brönsted-Lawry insofern, als sie nicht an Protonen gebunden ist. Als Lewis-Säuren gelten u. a. Verbindungen, in denen ein Atom (v. a. Metalle / Metall-Kationen) keine vollständige Edelgaskonfiguration hat. Typische Beispiele hierfür sind $AlCl_3$, $B(OH)_3$, BF_3. Die Lewis-Basen stimmen mit den Brönsted-Lawry-Basen (s. o.) weitgehend überein. Die Theorie hat durchaus ihre wissenschaftliche Bedeutung für die Chemie, sie ist aber für Mediziner diejenige mit geringster Bedeutung.

Säure-Basen-Reaktionen und abgeleitete Größen (pH, pOH, K_w, pK_w)

Am häufigsten bezeichnet man Reaktionen zwischen einer Arrhenius-Säure und -Base (oder Brönsted-Lawry) als Säure-Basen-Reaktion, wobei ein Salz und Wasser entstehen, z. B.:

$NaOH + HCl \rightleftharpoons NaCl + H_2O$

Reagieren wie oben beschrieben klassische Arrhenius-Säuren und -Basen miteinander, nennt man den Prozess Neutralisation.

pH und pOH

In der Chemie spielt die Konzentration der Wasserstoff-Kationen (Oxoniumionen) einer Lösung eine sehr bedeutende Rolle. Sie bestimmt nämlich, wie sauer das Milieu ist. Dies ist nicht nur in der Laborchemie für den Ablauf spezieller Reaktionen wichtig, sondern auch im menschlichen Körper, wo der pH-Wert strengstens kontrolliert wird, da sonst sämtliche Enzyme und Proteine nicht mehr funktionsfähig wären. Ein Beispiel: Das Enzym Pepsin im Magen, das mit dem Verdau der mit der Nahrung aufgenommenen Proteine beginnt, arbeitet bei ca. pH = 2 am besten und wäre z. B. bei pH 4 oder 5 gar nicht mehr funktionstüchtig.

Der sog. pH-Wert (*potentia hydrogenii* — *„Kraft des Wasserstoffs"*) wird definiert als der negative dekadische Logarithmus der molaren Konzentration der Wasserstoffkationen (Oxonium-Ionen): $pH = - \log [H^+]$.

Warum wird überhaupt der dekadische Logarithmus benutzt? Wenn die molare Konzentration der Wasserstoffionen 0,0000001 (10^{-7}) mol/l beträgt, ist es viel übersichtlicher, den pH-Wert davon anzugeben, der gleich 7 ist, da $pH = - \log [10^{-7}] = 7$, als mit der Zahl 0,0000001 zu arbeiten. Warum aber das Minus-Zeichen vor dem dekadischen Logarithmus? Hierfür gibt es keinen speziellen Grund. Es ist einfach übersichtlicher, mit positiven Zahlen wie z. B. 7 anstelle von negativen Zahlen wie z. B. -7 zu arbeiten. Hier sollte man außerdem mitnehmen, dass alle sog. P-Größen (pH, pOH, pKs etc.) in der Chemie für den negativ dekadischen Logarithmus des jeweiligen Wertes (z.B. H$^+$-Konzentration bei pH, OH$^-$-Konzentration bei pOH, Ks-Wert bei pKs etc.) stehen.

Ist aber stattdessen der pH-Wert angegeben, kann man anhand der Formel [H$^+$] = 10^{-pH} die H$^+$-Konzentration berechnen (Logarithmus-Gesetze).

Man sollte sich merken, dass das Milieu bei pH-Werten bis 7 sauer ist, bei pH = 7 neutral und bei pH-Werten über 7 basisch.

Aus den Erklärungen bisher kann man sich erschließen, dass der pOH-Wert für den negativen dekadischen Logarithmus der molaren Konzentration der OH$^-$-Ionen steht: pOH = - log [OH$^-$]. Man sollte folglich beachten, dass hierbei bei pOH-Werten bis 7 das Milieu basisch ist, bei pOH = 7 neutral und bei über 7 sauer (spiegelbildlich zum pH-Wert also). Dieser Zusammenhang wird beim Ionenprodukt des Wassers (s. u.) deutlicher. Ist der pOH-Wert angegeben, kann man die OH$^-$-Konzentration berechnen: [OH$^-$] = 10^{-pOH}.

Ionenprodukt des Wassers

Am Anfang des Kapitels haben wir uns mit dem Begriff Ampholyten beschäftigt. Amphotere („ampholytische") Eigenschaften (sowohl sauer als auch basisch) hat z. B. Wasser. Wasser ist in der Tat bei der Berechnung von pH-Werten ein zentrales Element, da all diese Prozesse in wässriger Lösung ablaufen. Schauen wir uns die „Dissoziation" des Wassers (in wässriger Lösung) noch einmal an:

$H_2O + H_2O \rightleftharpoons H_3O^+ + OH^-$

Wir wollen als Erstes das Massenwirkungsgesetz anwenden bzw. die Dissoziationskonstante der obigen Reaktion formulieren:

$$K = \frac{[H_3O^+][OH^-]}{[H_2O][H_2O]} = \frac{[H_3O^+][OH^-]}{[H_2O]^2}$$

$$\Leftrightarrow K[H_2O]^2 = [H_3O^+][OH^-] \Leftrightarrow K_w = [H_3O^+][OH^-]$$

Da es sich um die „Dissoziation" des Wassers handelt, benutzt man den Buchstaben „w" als Index unter K. Prinzipiell geht man aber ganz normal vor, wie bei der Formulierung der üblichen Kc-Gleichgewichtskonstante. Nun merkt man, dass im Nenner die molare Konzentration der nicht-dissoziierten Wassermoleküle zweifach vorkommt. Da Wasser im großen Überschuss vorkommt (schwacher Elektrolyt, d. h. es dissoziiert zu einem sehr geringen Anteil, folglich viel undissoziiertes Wasser und wenig dissoziierte H_3O^+ und OH^-), kann man die Konzentration der undissoziierten Wassermoleküle als konstant ansehen und sie auf die linke Seite bringen. Nun vereinfacht man die Gleichung, indem eine neue Konstante K_w einfach als $K[H_2O]^2$ definiert wird. Dies ist zulässig, da $[H_2O]$ als konstant angesehen werden kann. Diese Gleichung nennt man das Ionenprodukt des Wassers. Im Namen steckt der Sinn der Formel — das ist ein Produkt der Ionen (H_3O^+ und OH^-) des Wassers.

Die K_w-Konstante hat unter bestimmten Bedingungen einen Wert, den man sich merken sollte: $K_w = 10^{-14}$ mol^2/l^2. Die Einheit kann man sich herleiten, indem man daran denkt, dass zwei molare Konzentrationen (von H_3O^+ und von OH^-, jeweils in mol/l) miteinander multipliziert werden. Wieso ist diese Formel so wichtig? Wenn die Konzentration der H_3O^+-Ionen angegeben ist, kann man diejenige der OH^--Ionen berechnen bzw. umgekehrt:

$K_w = [H_3O^+] [OH^-]$ bzw. $[H_3O^+] = K_w / [OH^-]$ bzw. $[OH^-] = K_w / [H_3O^+]$

In logarithmischer Formel sieht die K_w-Gleichung folgendermaßen aus:

$pK_w = pH + pOH$ anstelle von $K_w = [H_3O^+] [OH^-]$

Kapitel 7. Säuren und Basen

Wie kommt man von der „regulären" K_w-Gleichung auf die pK_w-Gleichung? Man benutzt pK_w, da es sich um die negative dekadisch-logarithmische Form von K_w handelt, d. h. $pK_w = -\log [K_w] = -\log [10^{-14}] = 14$. Die jeweiligen pH- bzw. pOH-Größen werden benutzt, da mit negativen dekadischen Logarithmen gearbeitet wird und es gelten $pH = -\log [H^+]$, $pOH = -\log [OH^-]$. Also wird alles von der „normalen" in die negative dekadisch-logarithmische Form „umgewandelt". Man muss sich lediglich merken, dass das Mal-Zeichen nach den Logarithmen-Gesetzen in ein Plus-Zeichen überführt wird.

Aufgabe: Berechnen Sie den pH-Wert, pOH-Wert sowie die Konzentration der OH^--Ionen einer 10^{-3} molaren HCl-Lösung. Ist das Milieu sauer, neutral oder basisch?

Lösung: HCl ist eine starke Säure, dissoziiert also vollständig in Wasser:
$HCl + H_2O \rightleftharpoons H_3O^+ + Cl^-$
Daraus folgt, dass die Konzentration der gebildeten H_3O^+-Ionen gleich der Anfangskonzentration der HCl ist:
$[H_3O^+] = [HCl] = 10^{-3}$ mol/l
Jetzt können wir den pH-Wert nach der Definition berechnen:
$pH = -\log [H_3O^+] = -\log [10^{-3}] = 3$, d.h. saures Milieu.
Den pOH-Wert berechnet man z.B. mithilfe der pK_w-Gleichung:
$pK_w = pH + pOH$
Hier sind pK_w (Konstante) und pH bekannt, pOH ist also gleich:
$pOH = pK_w - pH = 14 - 3 = 11$
Die Konzentration der OH^--Ionen ist gleich:
$[OH^-] = 10^{-pOH} = 10^{-11}$ mol/l
Oder aber: Nach der Berechnung des pH-Werts benutzt man weiterhin die H_3O^+ Konzentration, indem man die Formel anwendet:
$[OH^-] = K_w / [H_3O^+] = 10^{-14} / 10^{-3} = 10^{-11}$ mol/l

Somit findet man [OH$^-$] heraus. Daraus folgt, dass pOH = - log [OH$^-$] = - log [10^{-11}] = 11 ist.

Aufgabe: 80 g Calcium werden in 2 L Wasser gelöst. Es läuft folgende Reaktion ab:

Ca + 2 H$_2$O → Ca(OH)$_2$ + H$_2$

Berechnen Sie den pH-Wert, pOH-Wert sowie die Konzentration der OH$^-$-Ionen und H$^+$-Ionen.

Lösung: Diese Aufgabe dreht sich um den pH-Wert, wir müssen deshalb auf irgendeine Art und Weise die H$^+$-Konzentration bestimmen. Da aber im Rahmen der o. g. Reaktion keine H$^+$ freigesetzt werden, müssen wir uns eine Alternative überlegen. Da Calciumhydroxid (starke Lauge) gebildet wird, können wir mit den OH$^-$-Ionen erst einmal arbeiten.

Wir berechnen zunächst die Stoffmenge des Calciums:

n(Ca) = $\frac{m}{M}$ = $\frac{80g}{40g/mol}$ = 2 mol

Wir möchten mit Ca(OH)$_2$ wegen der OH$^-$-Ionen arbeiten, deswegen:

n(Ca) = n (Ca(OH)$_2$) = 2 mol, da laut Gleichung im Verhältnis 1:1 zueinander

Wir wissen, dass Ca(OH)$_2$ als starke Lauge vollständig dissoziiert:

Ca(OH)$_2$ → Ca^{2+} + 2 OH$^-$

Folglich:

n(OH$^-$) : n (Ca(OH)$_2$) = 2 : 1, d.h. n(OH$^-$) = 2 n(Ca(OH)$_2$) = 2 x 2 mol = 4 mol

Jetzt haben wir die Stoffmenge der OH$^-$. Wir brauchen allerdings deren Konzentration:

c(OH$^-$) = $\frac{n}{V}$ = $\frac{4 mol}{2 l}$ = 2 mol/l

Somit können wir den pOH-Wert berechnen. Es gilt:

pOH = - log [OH⁻] = - log [2] = -0,3; also stark basisch (ergibt Sinn, da eine Lauge gebildet wird)

Den pH-Wert können wir mithilfe der pK_w-Gleichung berechnen:

pH = pK_w - pOH = 14 - (-0,3) = 14,3

Und nun, da wir den pH-Wert haben:

[H⁺] = K_w / [OH⁻] = 10^{-14} / 2 = 0.5 10^{-14} mol/l.

Aufgabe: Berechnen Sie den pH-Wert einer 10^{-9} molaren HCl-Lösung.

Lösung: Nun könnte man genau wie bei der 1. Aufgabe anfangen, indem man die Dissoziation formuliert und dazu sagt, dass HCl stark ist und vollständig dissoziert. Somit wären [H_3O^+] = [HCl] = 10^{-9} mol/l und der pH-Wert sollte eigentlich nach der Formel pH = - log [H_3O^+] = - log [10^{-9}] = 9 betragen! Dies ergibt aber keinen Sinn, denn es ist unmöglich, dass eine Lösung der starken Salzsäure, auch wenn sie sehr stark verdünnt ist wie hier, basisch reagiert!

Wie könnte der Ansatz aussehen? Da diese Lösung so stark verdünnt ist, muss man hierbei die Eigendissoziation des Wassers beachten. Wenn Wasser dissoziiert, entstehen 10^{-7} mol/l H_3O^+ Ionen. Woher kommt das? Wenn Wasser in Wasser dissoziert, herrscht offenbar ein neutrales Medium, da Wasser neutral ist. Demnach ist [H_3O^+] = [OH⁻], damit das Medium neutral ist. Da aber die K_w-Gleichung K_w = [H_3O^+][OH⁻] lautet und die beiden Konzentrationen gleich sind, gilt [H_3O^+] = [OH⁻] = $\sqrt{K_w}$ = 10^{-7} (da K_w = 10^{-14}).

Wenn man die beiden H_3O^+-Konzentrationen — 10^{-7} mol/l vom Wasser und 10^{-9} mol/l von HCl — vergleicht, merkt man, dass Wasser in diesem Fall die Hauptquelle von H_3O^+ ist, da 10^{-7} mol/l (aus Wasser) > 10^{-9} mol/l (aus HCl). Wenn die Konzentration der Lösung der Säure

nicht so niedrig bzw. wenn die Lösung nicht so stark verdünnt ist, kann man die H_3O^+ aus Wasser vernachlässigen, da sie den pH-Wert nicht wesentlich beeinflussen werden. Ab ca. 10^{-4} - 10^{-5} mol/l Konzentration der starken Säure sollte man allerdings zu diesem Wert auch die 10^{-7} mol/l H_3O^+ aus dem Wasser addieren. In unserem Beispiel heißt das:
$[H_3O^+]_{(gesamt)} = [H_3O^+]_{(H_2O)} + [H_3O^+]_{(HCl)} = 10^{-7}$ mol/l + 10^{-9} mol/l = $1{,}01 \cdot 10^{-7}$ mol/l.

Der pH-Wert ist also: pH = - log $[H_3O^+]$ = - log $[1{,}01 \cdot 10^{-7}]$ = 6,99, was zwar fast neutral, aber trotzdem streng genommen sauer ist und so auch einen Sinn ergibt. Deswegen ist es immer ratsam, am Ende zu überlegen, ob die berechneten pH-/pOH-Werte plausibel sind.

Am Ende des Kapitels gehen wir außerdem auf die schwachen Säuren ein. Warum ist das nötig? Im Unterschied zu den starken Säuren kann man bei den schwachen Säuren die Konzentration der gebildeten H_3O^+-Ionen nicht mit der Anfangskonzentration der Säure gleichsetzen, da hierbei nicht die komplette Säure-Menge dissoziiert, sondern nur ein kleiner Anteil dessen. Klassisches Beispiel für eine schwache Säure ist die Essigsäure, AcOH. Sie dissoziiert nach der Gleichung:

AcOH + $H_2O \rightleftharpoons AcO^-$ + H_3O^+

Beginnen wir mit der Dissoziationskonstante. Da dies im Endeffekt die Säurekonstante ist, benutzt man „s" als index für Säure. Es ist aber eigentlich die ganz „normale" Gleichgewichtskonstante K_c:

$$K = \frac{[AcO^-][H_3O^+]}{[AcOH][H_2O]} \Leftrightarrow K[H_2O] = \frac{[AcO^-][H_3O^+]}{[AcOH]} \Leftrightarrow K_s = \frac{[AcO^-][H_3O^+]}{[AcOH]}$$

Die Konzentration des Wassers (im Nenner) kann wieder vernachlässigt werden, da es im großen Überschuss vorliegt und somit seine Konzentration konstant ist. Analog zur Definition des K_W-Wertes kann man sie in die

Definition einer neuen Konstante K_s einbeziehen. Nun überlegt man, dass laut Gleichung die Konzentration der gebildeten Acetat-Ionen (AcO$^-$) und Oxonium-Ionen gleich ist, da sie im Stoffmengenverhältnis laut Gleichung 1 : 1 vorkommen, also: [H$_3$O$^+$] = [AcO$^-$] = x. Somit vereinfacht sich die Formel für K_s:

$$K_s = \frac{[AcO^-][H_3O^+]}{[AcOH]} = \frac{x^2}{[AcOH]}$$

Möchte man den pH-Wert berechnen, muss man die Formel nach den H$_3$O$^+$ Ionen umformen:

x^2 = K_s [AcOH]

x = $\sqrt{K_s[\text{AcOH}]}$

Da x eigentlich [H$_3$O$^+$] ist, hat man einfach: [H$_3$O$^+$] = $\sqrt{K_s[AcOH]}$.

Wenn man jetzt den pH-Wert berechnet hat, gilt wieder pH = - log [H$_3$O$^+$]. Generell wird in der Literatur direkt die logarithmische Formel angegeben:

pH = 1/2 (pK_s - log[HA])

Sie ist nichts anderes als [H$_3$O$^+$] = $\sqrt{K_s[HA]}$ in logarithmischer Form.

Vorsicht! Die Konzentration der undissoziierten AcOH-Moleküle ist allerdings NICHT gleich der der H$_3$O$^+$- bzw. AcO$^-$-Ionen, da nur relativ wenige Moleküle dissoziieren (und nicht alle wie bei den starken Säuren).

Tipp: Immer, wenn der K_s- bzw. pK_s-Wert angegeben ist, handelt es sich um eine schwache Säure.

Hydrolyse von Salzen

Als letzten Punkt in diesem Kapitel behandeln wir die Hydrolyse von Salzen. In diesem Zusammenhang möchten wir Salze als Produkt der Neutralisation zwischen einer Säure und einer Base auffassen:

NaOH + HCl → NaCl + H$_2$O

Die Rückreaktion, also die Reaktion von Salz mit Wasser, welche zur Bildung der jeweiligen Säure und Base führt bzw. führen würde, nennt man Hydrolyse eines Salzes. Warum ist die Hydrolyse von Salzen relevant? Da dabei eine Säure und eine Base gebildet werden, führt das (meistens, aber nicht immer, s. u.) zur Veränderung des Milieus, d. h. es wird basisch oder sauer (oder bleibt neutral).

In Hydrolyse-Aufgaben wird man aufgefordert, anhand einer Reaktionsgleichung die Veränderung der Tendenz des pH-Wertes zu erklären. Dies heißt, dass man eine Aussage tätigen muss, ob der pH-Wert einer Salzlösung basisch, neutral oder sauer wird.

Aufgabe: Reagiert die wässrige Lösung von $BaCl_2$ sauer, neutral oder basisch?

Lösung: Man muss die Gleichung der Hydrolyse des Salzes formulieren. Es liegt nahe, dass $BaCl_2$ mit H_2O reagiert. Die Frage ist nun, woher man weiß, welche Säure und Base dabei entstehen? Voraussetzung für das Verständnis in dieses Kapitels ist, dass ihr euch den Stoff im Kapitel *Chemische Summen- und Strukturformeln* gut eingeprägt habt.

Man konzentriert sich erst einmal auf das zu hydrolysierende Salz, bei uns $BaCl_2$, und überlegt sich, welches der positive bzw. welches der negative Bestandteil ist. Da Metalle in Verbindungen immer positiv sind (Kationen), sind die Ba^{2+}-Kationen der positive Bestandteil. Negativer Bestandteil sind dann natürlich die Chlorid-Anionen Cl^-. Nun fasst man das Wasser als H-OH auf. H ist der positiv(er)e Bestandteil des Moleküls (wegen H^+), OH der negativ(er)e (wegen OH^-). Man beachte, dass im Wassermolekül natürlich keine ionischen Bindungen wie im Salz vorhanden sind, also keine eindeutig positive bzw. negative Ladung, wohl aber trotzdem Partialladungen, also teilweise positiv bei H bzw. teilweise negativ bei OH. Nun muss man sich natürlich klarmachen, dass der positive Bestandteil des einen Moleküls mit dem negativen Bestandteil des zweiten

Moleküls reagiert und sie sich verbinden. Dies bedeutet:

1. Positiver Bestandteil des $BaCl_2$ sind die Ba^{2+}-Ionen. Sie verbinden sich mit dem negativen Bestandteil des Wassers, also den OH^--Ionen. Somit entsteht eine Verbindung aus Ba^{2+} und OH^-. Die Summenformel lautet $Ba(OH)_2$.

2. Negativer Bestandteil des $BaCl_2$ sind die Cl^--Ionen. Sie verbinden sich mit dem positiven Bestandteil des Wassers, also den H^+-Ionen. Somit entsteht eine Verbindung aus H^+ und Cl^-. Die Summenformel lautet HCl.

Die Gleichung lautet also:

$BaCl_2 + H_2O \rightarrow Ba(OH)_2 + HCl$

Sie muss außerdem ausgeglichen werden (s. Kapitel *Stöchiometrie*):

$BaCl_2 + 2\,H_2O \rightarrow Ba(OH)_2 + 2\,HCl$

Um zu entscheiden, ob der pH-Wert neutral bleibt oder sauer bzw. basisch wird, muss man sich auf die entstandenen Produkte (Säure und Base) fokussieren. Wenn beide Produkte schwach oder stark sind, bleibt der pH-Wert (nahezu) neutral. Ist eines der beiden Produkte stark und das andere Produkt schwach, wird der pH-Wert vom „starken" Produkt beeinflusst. Wenn z. B. eine starke Säure und eine schwache Base entstehen, wird das Milieu sauer, da die (starke) Säure stärker als die (schwache) Base ist.

In unserem Beispiel ist HCl eine starke Säure und $Ba(OH)_2$ eine starke Base, also ist der pH-Wert neutral.

Hier werden die Hydrolysen von zwei weiteren Salzen (Na_2SO_4 und $AlCl_3$) aufgeführt. Ihr könnt sie alleine formulieren und dann eure Arbeit auf Richtigkeit überprüfen. Achtet auch darauf, die Endgleichungen auszugleichen!

$Na_2SO_4 + 2\,H_2O \rightarrow 2\,NaOH + H_2SO_4$

Milieu neutral, da beide Produkte stark.

AlCl$_3$ + 3 H$_2$O → Al(OH)$_3$ + 3 HCl

Milieu sauer, da HCl starke Säure, Al(OH)$_3$ schwache/amphotere Base.

Kapitel 8

Elektrolyte

Lernziele

- Säuren, Basen und Salze als Elektrolyte

- Dissoziation von Elektrolyten

- Löslichkeitsprodukt

Anmerkung: Grundlage für das Verständnis des Themas Elektrolyte ist das Studium der Kapitel *Chemische Summen- und Strukturformeln* sowie *Säuren und Basen*.

Elektrolyte sind chemische Verbindungen, die in Wasser (oder Schmelze) zu Kationen und Anionen dissoziieren. Die so gebildeten Ionen bewegen sich gerichtet im elektrischen Feld: Kationen (Plus-Ionen) bewegen sich zur Katode (Minuspol) und Anionen (Minus-Ionen) zur Anode (Pluspol).

Elektrolyte sind i. A. Säuren, Basen und Salze. Die Vertreter dieser drei Stoffklassen dissoziieren (zu einem bestimmten Grad — manche vollständig, manche unvollständig/geringfügig) zu den o. g. Ionen.

Man unterscheidet zwischen schwachen, mittelstarken und starken Elektrolyten. Dies hängt davon ab, bis zu welchem Grad der jeweilige Elektrolyt in Wasser dissoziiert (Dissoziationsgrad). Wenn der Elektrolyt (nahezu) vollständig dissoziiert, handelt es sich um einen **starken** Elektrolyten. Wenn nur ein geringer Anteil der Moleküle des Elektrolyts dissoziieren, handelt es sich um einen **schwachen** Elektrolyten. Wir möchten fortan lediglich zwischen schwachen und starken Elektrolyten unterscheiden, die mittelstarken betrachten wir nicht.

Salze sind generell starke Elektrolyte und dissoziieren vollständig, z.B.:

$NaI \rightarrow Na^+ + I^-$

$Na_2SO_4 \rightarrow 2\,Na^+ + SO_4^{2-}$

(Man beachte, dass bei der vollständigen Dissoziation das Symbol $\rightarrow$ benutzt wird und nicht $\rightleftharpoons$, da der Prozess komplett zur einen Seite abläuft.)

Schwache Säuren bzw. Basen dissoziieren unvollständig, d. h. es sind im Endeffekt nicht nur die jeweiligen Kat- bzw. Anionen in der Lösung vorhanden, sondern auch ganze undissoziierte Moleküle der schwachen Säure bzw. Base.

Starke Säuren bzw. Basen (z.B. HCl, NaOH), dissoziieren vollständig, d. h. es sind im Endeffekt nur die jeweiligen Kat- bzw. Anionen in der Lösung vorhanden und (nahezu) keine ganzen Moleküle der starken Säure bzw. Base.

Die Dissoziation der (starken und schwachen) Säuren und Basen wurde im Kapitel *Säuren und Basen* ausführlich erläutert. Wir möchten uns nun mit der Dissoziation der Salze beschäftigen.

Salze, die aus einem Metallatom und einem Nicht-Metallatom bestehen, dissoziieren zum jeweiligen Metallkation und Nicht-Metallanion:

$KCl \rightarrow K^+ + Cl^-$

$ZnS \rightarrow Zn^{2+} + S^{2-}$

Zum KCl: Kalium ist ein Metall, ist also positiv geladen und zwar einfach positiv, da es in der 1. Hauptgruppe steht. Das Chlorid-Ion muss dann einfach negativ geladen sein.

Zum ZnS: Man sollte sich beim Zn merken, dass es in Verbindungen zweifach positiv geladen ist. Der Schwefel ist als sein „Gegenspieler" zweifach negativ geladen.

Interessanter wird es, wenn in der Summenformel des Salzes mehr als nur ein Metall-Atom und/oder mehr als ein Nicht-Metall-Atom verhanden sind, z. B. $AlBr_3$, bei dem drei Nicht-Metall-Atome vorkommen. Dabei muss man beachten, dass ein Aluminium-Kation entsteht, da in der Summenformel ein Al-Atom vorkommt. Es ist positiv geladen, da es sich um ein Metall handelt und zwar dreifach positiv, da es in der 3. Hauptgruppe steht. Da in der Summenformel drei Br-Atome vorhanden sind, entstehen bei der Dissoziation drei Br-Anionen. Jedes davon ist einfach negativ geladen, da so die drei positiven Ladungen vom Al aufgehoben werden. Hilfreich ist es, wenn man sich gerade zu Beginn überlegt, ob die Ladungen auf beiden Seiten ausgeglichen sind. Auf der linken Seite (undissoziiertes Salz) liegen keine Ladungen vor. Auf der rechten Seite hat man 3 positive Ladungen (vom Al) und 3 negative Ladungen (3 x 1 vom Br):

$AlBr_3 \rightarrow Al^{3+} + 3\,Br^-$

Diese Regel darf natürlich bei jeder Dissoziationsgleichung angewedendet werden und ist besonders nützlich bei der Dissoziation von Salzen, die ein komplexes Anion (das Anion besteht aus mehr als einem Nicht-Metall) enthalten:

$CaSO_4 \rightarrow Ca^{2+} + SO_4^{2-}$

Nach einiger Zeit sollte man sofort parat haben, dass das Sulfat-Anion zweifach negativ geladen ist, das kommt einfach mit der Routine. Sollte man sich aber während der Klausur unsicher sein, lässt es sich so herleiten, dass

Calcium als Metall positiv geladen ist und zwar zweifach, da es in der 2. Hauptgruppe steht. Um diese beiden positiven Ladungen auszugleichen, müsste das Sulfat zweifach negativ geladen sein. Somit gibt es auf der rechten Seite zweimal Plus und zweimal Minus, was gleich 0 ist, und damit der Ladungssituation auf der linken Seite entspricht.

Löslichkeitsprodukt

Das Löslichkeitsprodukt wird u. a. bei schwerlöslichen Substanzen (wie z. B. Salzen) benutzt. Nehmen wir das AgCl als Beispiel. Es ist ein weißer Niederschlag und schwerlöslich. Als Erstes möchten wir die Dissoziation dieses Salzes formulieren:

AgCl→ Ag$^+$ + Cl$^-$

Nun möchten wir das Massenwirkungsgesetz für die obige Reaktion definieren, also die Dissoziationskonstante (s. Kapitel *Thermodynamik, Kinetik, Gleichgewicht*):

$$K_L = \frac{[Ag^+][Cl^-]}{[AgCl]}$$

Jetzt muss man sich daran erinnern, dass die molare Konzentration von Feststoffen konstant bzw. gleich 1 ist. Da das AgCl auf der linken Seite der Dissoziationsgleichung bzw. im Nenner des Ausdrucks für K fest ist bzw. ungelöst, können wir [AgCl] = const. = 1 setzen. Somit vereinfacht sich die letzte Formel: K_L = [Ag$^+$][Cl$^-$] , der Nenner fällt also weg, da wir dort die Zahl 1 haben. Dies nennt man das Löslichkeitsprodukt des AgCl. Man benutzt L als Index, da es sich um das Löslichkeitsprodukt handelt.

(In der englischsprachigen Literatur wird K_{sp} oder K_s für das Löslichkeitsprodukt benutzt, von *solubility product* → nicht zu verwechseln mit der Säurekonstante K_s in deutschsprachiger Literatur.)

Das K_L von z. B. CaSO$_4$ sieht folgendermaßen aus: K_L = [Ca^{2+}][SO$_4^{2-}$], da die Dissoziation $CaSO_4 \rightarrow Ca^{2+} + SO_4^{2-}$ lautet.

Beim Blei(II)-Iodid PbI_2 muss man bedenken, dass bei der Dissoziation zwei Iodid-Anionen entstehen: $PbI_2 \rightarrow Pb^{2+} + 2\,I^-$. Demnach ergäbe sich in der K_L-Formel die molare Konzentration des I^- im Quadrat, genau wie bei der üblichen Gleichgewichtskonstante Kc:

$K_L = [Pb^{2+}][I^-]^2$

Beim Aluminiumchlorid lautet die Dissoziation:

$AlCl_3 \rightarrow Al^{3+} + 3\,Cl^-$

Und K_L ist folglich: $K_L = [Al^{3+}][Cl^-]^3$

Man muss also immer die Anzahl der gebildeten Kat- und Anionen im Blick halten und sie (wenn ihre Anzahl größer als 1 ist) in der K_L-Gleichung als Potenzen betrachten.

Zum K_L gibt es generell zwei Arten von Aufgaben. Beim ersten Aufgabentyp ist K_L angegeben und die Löslichkeit wird gesucht.

Aufgabe: Das Löslichkeitsprodukt von AgCl beträgt $1{,}8 \cdot 10^{-10}$ mol^2/l^2. Berechnen Sie die Löslichkeit des Salzes.

Lösung: Vorab eine Anmerkung: Natürlich kann man für K_L immer die zugehörige Einheit angeben. Für AgCl ist sie mol^2/l^2, da $K_L = [Ag^+][Cl^-]$. Die Einheit ergibt sich, indem man die Einheiten der molaren Konzentrationen (bei uns von Ag^+ und Cl^-) multipliziert: mol/l x mol/l ergibt mol^2/l^2. Prinzipiell sollte man die K_L-Einheit als Prüfling in Prüfungen immer angeben. In Aufgabenstellungen wird sie aber häufig weggelassen. Dies ist üblich und man sollte sich nicht dadurch verwirren lassen.

Bei diesem Aufgabentyp ist das K_L angegeben und die Löslichkeit wird gesucht. Man sollte so vorgehen:

1) Man formuliert die Dissoziationsgleichung des Salzes:

AgCl → Ag$^+$ + Cl$^-$

2) Man formuliert die K_L-Gleichung des Salzes anhand der Dissoziationsgleichung:

K_L = [Ag$^+$][Cl$^-$]

Die ersten beiden Schritte sind also bereits bekannt.

3) Nun muss man sich Gedanken über die Löslichkeit machen. Laut Dissoziationsgleichung AgCl → Ag$^+$ + Cl$^-$ verhalten sich die molaren Konzentrationen von Ag$^+$ und Cl$^-$ wie 1:1, da in der obigen Gleichung jedes der beiden Ionen mit jeweils einem Äquivalent vorhanden ist. Das heißt, dass [Ag$^+$] = [Cl$^-$] , s. Kapitel *Stöchiometrie*. Wir können jetzt davon ausgehen, dass jede dieser beiden molaren Konzentrationen gleich der Löslichkeit des Salzes ist, also [Ag$^+$] = [Cl$^-$] = L (L = Löslichkeit). Da K_L ein bekannter Wert ist, folgt:

K_L = [Ag$^+$][Cl$^-$] = L x L = L^2

→ K_L = L^2 bzw. L^2 = K_L

→ L = $\sqrt{K_L}$ = $\sqrt{1,8 \cdot 10^{-10}}$ = 1,3$\cdot$10^{-5} mol/l

Wäre z. B. das K_L von PbI$_2$ angegeben, sähe die Lösung der obigen Aufgabe folgendermaßen aus:

1) Dissoziation: PbI$_2$ → Pb^{2+} + 2 I$^-$

2) Löslichkeitsprodukt: K_L = [Pb^{2+}][I$^-$]^2

3) Löslichkeit: Hier ist es ein wenig schwieriger, da die gebildeten Ionen nicht im gleichen Verhältnis zueinander vorkommen, d. h. es gibt zweimal mehr Iodid- als Blei-Ionen. Man kann z. B. festlegen, dass die Löslichkeit L gleich der molaren Konzentration von Pb^{2+} ist, also L = [Pb^{2+}]. Dann hätte man für die molare Konzentration vom Iodid [I$^-$] = 2 L, da laut Dissoziationsgleichung zweimal so viel Iodid- wie Blei-Ionen entstehen. Jetzt setzt man das in die K_L-Gleichung ein und erhält:

$K_L = [Pb^{2+}][I^-]^2 = L \times (2L)^2 = L \times 4L^2 = 4L^3$

Man sollte nicht vergessen, dass die ganze Konzentration der Iodid-Ionen (bei uns 2L) zum Quadrat genommen werden muss, deswegen $(2L)^2$!

$\rightarrow L = \sqrt[3]{K_L/4}$

Erfahrungsgemäß bereitet die Arbeit mit Potenzen und Wurzeln etwas Schwierigkeiten. Da empfiehlt es sich, die Rechenregeln aus dem Mathe-Unterricht kurz zu wiederholen.

Der zweite Aufgabentyp ist der umgekehrte. Da wird die Löslichkeit angegeben und K_L wird gesucht. Prinzipiell lässt sich das gut nachvollziehen, wenn man sich die bisherigen Aufgaben genau angesehen hat. Trotzdem wird hier der Vollständigkeit halber eine Aufgabe von diesem Typ kurz erläutert:

Aufgabe: Die Löslichkeit von Calciumcarbonat beträgt $6{,}3 \cdot 10^{-5}$ mol/l. Berechnen Sie K_L.

Lösung Wir folgen zuerst dem bekannten Weg:

1) Dissoziation des Salzes formulieren: $CaCO_3 \rightarrow Ca^{2+} + CO_3^{2-}$

2) K_L anhand der Dissoziationsgleichung formulieren:

$K_L = [Ca^{2+}][CO_3^{2-}]$

Nun müssen wir K_L berechnen. Da die Konzentrationen der gebildeten Ionen im Verhältnis 1:1 stehen, kann man $[Ca^{2+}] = [CO_3^{2-}] = L$ setzen. Somit sieht K_L so aus: $K_L = [Ca^{2+}][CO_3^{2-}] = L \times L = L^2$.

Da L der bekannte Wert ist, muss man die angegebene Zahl dafür einsetzen. Somit erhält man K_L:

$K_L = L^2 = (6{,}3 \cdot 10^{-5} \text{ mol/l})^2 = 4 \cdot 10^{-9} \text{ mol}^2/\text{l}^2$.

Die Kenntnisse über Elektrolyte sind sehr wichtig, weil im inneren Milieu des Körpers verschiedene Ionen (hauptsächlich Alkali und Erdalkali: K^+,

Na$^+$, Ca^{2+}, Mg^{2+} etc.) vorkommen und an zahlreichen physiologischen Prozessen beteiligt sind: K$^+$, Na$^+$, Ca^{2+} z. B. an der Funktion des Herzens, Mg^{2+} an unterschiedlichen enzymatischen Reaktionen (hauptsächlich verbunden mit Energiegewinnung) etc. Das Löslichkeitsprodukt findet Anwendung z. B. bei Gallensteinen, die schwerlösliche Salze darstellen.

Kapitel 9

Redox

Redox-Reaktionen umfassen (mindestens) eine Oxidation und eine Reduktion, die aneinander gekoppelt ablaufen. Das heißt, wenn „irgendetwas" oxidiert wird, wird „irgendetwas anderes" reduziert.

Oxidation bedeutet Abgabe von Elektronen, wobei die Oxidationsstufe steigt. Reduktion ist im Gegensatz dazu die Aufnahme von (den abgegebenen) Elektronen, wobei die Oxidationsstufe sinkt. Am Anfang tut man sich häufig schwer, die beiden Begriffe nicht zu verwechseln bzw. sich zu merken, bei welchem Prozess die Oxidationsstufe sinkt/steigt etc. An dieser Stelle hilft häufig der Name Leo — „loss of electrons ist oxidation". Da dabei Elektronen (negativ geladene Teilchen) abgegeben werden, verliert man negative Ladungen. Dies hat zur Folge, dass die negativen Ladungen weniger werden bzw. dass die ursprüngliche Ladung positiver wird. Da die Ladung (Oxidationsstufe) positiver wird, steigt die Oxidationsstufe. Wenn man sich das auf diese Art hergeleitet hat, muss man bei der Reduktion einfach das Gegenteil dessen annehmen: Aufnahme von Elektronen und Sinken der Oxidationsstufe. Prinzipiell kann man sich auch merken, dass die Oxidationsstufe bei einer Reduktion sinkt — wie die Preise im Supermarkt, wenn diese reduziert werden.

Redox-Prozesse sind von außerordentlicher Bedeutung im Körper, z. B.

bei der Entgiftung von sog. „freien Radikalen". Dies sind Teilchen mit freien Elektronen, die aus diesem Grund sehr reaktionsfreudig sind. Deswegen greifen sie andere Strukturen (z. B. DNS) an und gehen mit ihnen Bindungen ein. Dabei wird die angegriffene Substanz strukturell geschädigt, wodurch auch deren Funktion verändert wird. Im Laufe der Zeit kann dies zu Mutationen und u. a. auch zu Krebs führen. Damit das nicht geschieht, werden freie Radikale von Antioxidantien (im Körper v. a. die Vitamine C, E und das Tripeptid Glutathion) unschädlich gemacht. Ob das Formulieren von Teilgleichungen komplexer Redox-Prozesse für Mediziner von essenzieller Bedeutung ist, bleibt dahingestellt. Sicher ist lediglich, dass dies für die Prüfungen in der Vorklinik wichtig ist.

Oxidationsstufe

Bevor wir uns den genauen Redox-Gleichungen widmen, beschäftigen wir uns mit der Oxidationsstufe. An erster Stelle ist zu erwähnen, dass die beiden Begriffe Oxidationsstufe und Oxidationszahl synonym verwendet werden und es dazwischen **keine** Unterschiede gibt. Worum handelt es sich? Generell gibt die Oxidationsstufe an, wie viele Elektronen ein Atom in einer Verbindung (neutrales Molekül oder geladenes Ion) abgegeben oder aufgenommen hat. Ihr habt gemerkt, dass wir in diesem Buch eher praxis- als theorieorientiert sind, also bevor wir uns die Definition etwas ausführlicher erklären (s. u. Beispiel zu $H_2S_2O_8$), kommen wir zur wichtigen Frage: Wie wird die Oxidationsstufe bestimmt? Denn ihr müsst in Prüfungen die Oxidationsstufe bestimmen und Redox-Gleichungen formulieren, nicht aber den Begriff genauestens definieren können. Dabei gibt es ein paar Regeln:

- Die Oxidationsstufe von Atomen im Elementarzustand (d. h. als selbstständiges Atom oder mehrere Atome ein und desselben Elements, also nicht in einer Verbindung mit anderen Elementen) ist immer 0. Zum Beispiel: $\overset{0}{H_2}$, $\overset{0}{N_2}$, $\overset{0}{Cl_2}$, $\overset{0}{O_2}$, $\overset{0}{O_3}$, $\overset{0}{S_8}$, $\overset{0}{Ca}$ etc.

- Die Oxidationsstufe der Alkali-Metalle (1. Hauptgruppe) ist in Verbindungen immer +1.

- Die Oxidationsstufe der Erdalkali-Metalle (2. Hauptgruppe) ist in Verbindungen immer +2. (Es wurde vor ein paar Jahren zwar stabiles Calcium in der Oxidationsstufe +1 entdeckt, dies sollte aber keine Bedeutung für die Prüfung haben.)

- Die Oxidationsstufe des Wasserstoffs ist in Verbindungen meistens +1. Zum Beispiel: $\overset{+I}{H}Cl$, $\overset{+I}{H_2}SO_4$, $\overset{+I}{H_2}S$. Eine Ausnahme ist natürlich das Wasserstoff-Gas, H_2, dort hat Wasserstoff, wie eingangs erwähnt, die Oxidationsstufe 0. Die zweite Ausnahme sind die Hydride, d. h. Verbindungen zwischen einem Metall und Wasserstoff, die salzartig sind. Dort hat Wasserstoff immer die Oxidationsstufe -1, da die positive Oxidationsstufe dem Metall gehört. Zum Beispiel: $Na\overset{-I}{H}$, $Ca\overset{-I}{H_2}$ etc.

- Die Oxidationsstufe des Sauerstoffs ist in Verbindungen meistens -2. Zum Beispiel: $Ca\overset{-II}{O}$, $Na_2\overset{-II}{O}$, $Cl_2\overset{-II}{O}$. Eine Ausnahme ist das Sauerstoff-Gas, O_2, sowie Ozon, O_3, dort hat Sauerstoff, wie anfangs erklärt, die Oxidationsstufe 0. Die zweite Ausnahme sind die Peroxide, dort hat der Sauerstoff die Oxidationsstufe -1, z. B. das Wasserstoffperoxid $H\overset{-I}{O}\overset{-I}{O}H$. Die letzte Ausnahme (die zugegebenermaßen fast keine Bedeutung für Mediziner hat) ist das Sauerstoffdifluorid, OF_2, Oxidationsstufe des Sauerstoffs +2, nicht -2.

- Die Summe der positiven und negativen Oxidationsstufen in einem nicht geladenen, neutralen Molekül ist immer 0, da das Teilchen nach außen hin keine Ladung trägt, z. B. in H_2O, H_2SO_4, $CaCO_3$ etc.

- Die Summe der positiven und negativen Oxidationsstufen in einem Ion entspricht der Ladung des Ions. Die Summe der positiven und negativen

Oxidationsstufen muss also im Permanganation MnO_4^- -1 ergeben, da die Ladung dieses Ions -1 ist.

- Folgenden Punkt kann man sich eigentlich aus dem vorherigen herleiten, aber der Vollständigkeit halber: Die Oxidationsstufe eines einfachen Ions (aus einem einzigen Element bestehend), z. B. Cl^-, Ca^{2+}, K^+ etc., ist gleich der Ladung des Ions. Oxidationsstufe des Elementes und Ladung des Ions stimmen also überein.

Nun möchten wir endlich starten und die Oxidationsstufen von jedem Atom in den folgenden Verbindungen bestimmen: H_2O, F_2, Ba^{2+}, $KMnO_4$, ClO_4^-, Ag_2SO_4.

Beispiel H_2O: Hier haben wir zwei der Elemente, die in unseren Regeln (s. o.) auftauchen. Es ist immer sinnvoll zu überlegen, ob bei diesen klassischen Elementen in dem jeweiligen Beispiel eine Ausnahme vorliegt oder nicht. Dies ist weder beim H noch beim O der Fall. Deswegen lautet die Oxidationsstufe des Wasserstoffs +1, die des Sauerstoffs -2. (Gegenprobe: Das Molekül H_2O ist offenbar ungeladen. Die Summe der positiven und negativen Oxidationsstufen muss also 0 ergeben. Ist dies der Fall? Ja, es gibt zwei positive Oxidationsstufen (2x -1 von den beiden H-Atomen) und zwei negative Oxidationsstufen (-2 vom O-Atom).)

Insgesamt: $\overset{+I\ -II}{H_2O}$

Beispiel F_2: Das ist ein Element im elementaren Zustand, deswegen ist die Oxidationsstufe 0.

Insgesamt: $\overset{0}{F_2}$

Beispiel Ba^{2+}: Hier liegt ein einfaches Ion vor, deswegen stimmt die Oxidationsstufe mit der Ladung des Ions überein, d. h. +2.

Insgesamt: $\overset{+II}{Ba}^{2+}$

Beispiel KMnO$_4$: Man sollte bei komplexeren Beispielen (mehr als ein Element vorhanden) immer mit einem Element anfangen, das in den oben formulierten Regeln vorkommt. Bei diesem Beispiel erkennt man vielleicht an erster Stelle den Sauerstoff. Hierbei hat er die (für ihn übliche) Oxidationsstufe -2, da keine Ausnahme vorliegt. Kalium gehört ebenfalls zu den Regeln, da ein Alkali-Metall, deswegen ist seine Oxidationsstufe +1. Nun bleibt das unbekannte, eigentlich zu bestimmende Element Mangan. Es ist zu beachten, dass bei einem ungeladenen Molekül die Summe der Oxidationsstufen 0 ergeben soll, da ja das Molekül keine Ladung nach außen hin hat. Man hat also bisher insgesamt 8 negative (4x -2) Ladungen, da jedes O-Atom -2 als Oxidationsstufe hat und vier O-Atome vorkommen. An positiven Ladungen gibt es bisher nur eine: Kalium. Es fehlen also noch 7 positive Ladungen, um die 8 negativen auszugleichen. Demnach lautet die Oxidationsstufe des Mangan-Atoms +7.

Insgesamt: $\overset{+I+VII-II}{KMnO_4}$

Beispiel ClO$_4{}^-$: Beim Sauerstoff (Element aus den o. g. Regeln) liegt keine Ausnahme vor, deswegen -2. Die Summe der Oxidationsstufen muss in diesem einfach negativ geladenen Ion -1 ergeben, da -1 die Ladung des Ions ist! Da schon insgesamt 8 negative Ladungen vorhanden sind (vier O-Atome je -2), muss das Cl-Atom +7 als Oxidationsstufe haben, somit ergibt die Summe +7 - 8 = -1.

Beispiel Ag$_2$SO$_4$: Beim O-Atom liegt keine Ausnahme vor, deswegen -2. Nun hat man ein kleines Problem. Sowohl das Ag- als auch das S-Atom sind unbekannt. An dieser Stelle sollte man erkennen, dass es sich bei dieser Verbindung um Silbersulfat handelt. Die Oxidationsstufe des Schwefels im Sulfat-Ion wird sich nicht ändern, ganz egal, ob es sich um die Schwefelsäure H$_2$SO$_4$, Natriumsulfat Na$_2$SO$_4$ oder einfach nur Sulfat SO$_4{}^{2-}$ handelt. Deswegen kann man sie z. B. anhand der H$_2$SO$_4$ bestimmen, denn Sulfat entsteht bei der Dissoziation der Schwefelsäure. Sie lautet dann +6. Dieselbe Oxidationsstufe wird also der Schwefel in allen Sulfaten haben, auch im hier gefragten Ag_2SO_4. Nun sucht man nur noch die Oxidationsstufe des Silbers. Da das Molekül ungeladen ist, muss die Summe der Oxidationsstufen 0 ergeben. Wir haben insgesamt 8 negative Ladungen (4 O-Atome je -2) sowie 6 positive (vom Schwefel). Es fehlen noch 2 positive Ladungen. Da aber zwei Ag-Atome im Molekül vorkommen, hat Silber +1 (2 benötigte positive Oxidationsstufen dividiert durch 2 Ag-Atome) als Oxidationsstufe.

Insgesamt: $\overset{+I}{Ag_2}\overset{VI}{S}\overset{-II}{O_4}$

Aufgabe: Zur Übung könnt ihr die Oxidationsstufen von $CaBr_2$, $K_2Cr_2O_7$, CO_2 und Na bestimmen.

Lösungen:
$\overset{+II}{Ca}\overset{-I}{Br_2}$
$\overset{+I}{K_2}\overset{+VI}{Cr_2}\overset{-II}{O_7}$
$\overset{+IV}{C}\overset{-II}{O_2}$
$\overset{0}{Na}$

Abschließend möchten wir die Oxidationsstufen in der Peroxodischwefelsäure (muss man nicht kennen) bestimmen. Ausgehend von der Summenformel $H_2S_2O_8$ würde man beim O-Atom -2 als Oxidationsstufe setzen und beim H-Atom +1. Das Molekül ist offenbar ungeladen, also muss die Summe der Oxidationsstufen 0 ergeben. Wir haben schon 16 negative Ladungen (8 O-Atome je -2) sowie 2 positive (2 H-Atome je +1). Es fehlen also noch 14 positive Ladungen. Da aber zwei S-Atome im Molekül vorkommen, müsste jedes davon die Oxidationsstufe 14 : 2 = +7 haben. Dies ist nicht möglich, da Schwefel die maximale Oxidationsstufe +6 (steht in der 6. Hauptgruppe) hat! Die Oxidationsstufe des S-Atoms in dieser Verbindung beträgt tatsächlich +6 und **nicht** +7 wie berechnet. Woran liegt das? Ausgehend von der Definition des

Begriffs Oxidationsstufe müssen wir uns überlegen, wieviele Elektronen das S-Atom in dieser Verbindung benutzt. Dies ist nur anhand der Strukturformel der jeweiligen Verbindung ersichtlich:

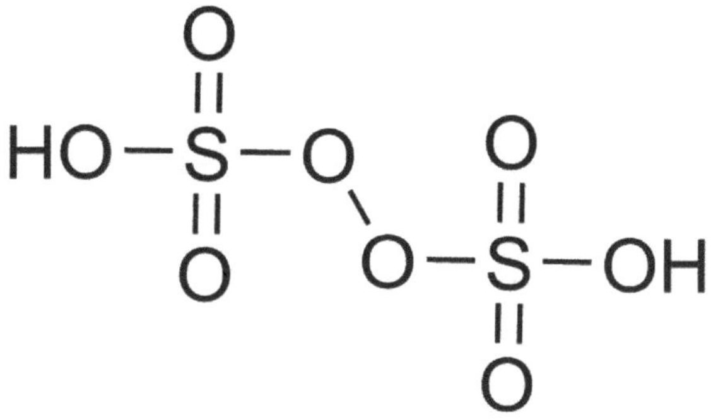

$$\text{HO}-\underset{\underset{\text{O}}{\|}}{\overset{\overset{\text{O}}{\|}}{\text{S}}}-\text{O}-\underset{\underset{\text{O}}{\|}}{\overset{\overset{\text{O}}{\|}}{\text{S}}}-\text{OH}$$

Jetzt wird klar, warum die Oxidationsstufe +6 (6 Bindungen insg. bei jedem S-Atom) und nicht +7 ist. Das heißt also, dass jedes S-Atom je 6 Elektronen benutzt und nicht 7, da der Schwefel gar nicht 7 Elektronen haben kann.

(Vorsicht: Bei der Berechnung der Oxidationsstufen der unbekannten Elemente sprachen wir bisher von fehlenden „Ladungen" oder z. B. von 8 negativen Ladungen, da 4 O-Atome je -2 beitragen. Unter Ladungen verstehen wir an dieser Stelle natürlich nicht die reellen Ladungen, die experimentell zu bestimmen sind, sondern die jeweiligen Oxidationsstufen.)

Redox-Gleichungen

Beginnen wir nun mit den eigentlichen Redox-Gleichungen. Um Redox-Prozesse handelt es sich, wenn sich die Oxidationsstufen von (mindestens) zwei Elementen ändern. Die Oxidationsstufe des einen Elementes sinkt, die des anderen Elementes steigt. Vor allem in der Organik kommen manchmal durchaus mehrere Reduktionen und Oxidationen parallel vor, prinzipiell sollte man sich aber merken, dass bei einem Redox-Prozess **eine** Oxidation und **eine** Reduktion stattfinden.

Beispiel: Zink wird in verdünnter Salzsäure gelöst. Formulieren Sie die beiden Teilgleichungen (Oxidation und Reduktion) sowie die Gesamtgleichung (Redox).

Wir steigen absichtlich mit einem einfacheren Beispiel ins Thema ein. Man sollte bei Redox-Gleichungen immer mit einer „Übersichtsgleichung" beginnen mit den Edukten und Produkten. Es wird meistens noch gar nichts ausgeglichen (außer bei einfachen Gleichungen wie unserer), sondern nur grob skizziert, was womit reagiert und was dabei entsteht. Meistens ist es bei der Übersichtsgleichung nicht mal möglich, alle Edukte und Produkte vorherzusehen. Die wichtigsten Stoffe stehen aber auf jeden Fall in der Aufgabenstellung. Sie sind deshalb „die wichtigsten", weil bestimmte Atome in ihnen ihre Oxidationsstufen ändern. Die restlichen Edukte und Produkte (am häufigsten H_2O, H^+/OH^-) werden aus den Teilgleichungen ersichtlich (s. u.).

Zuerst formulieren wir unsere Übersichtsgleichung. Aus dem Kapitel *Chemie der Elemente* wissen wir, dass Metalle (Zink) mit verdünnten Säuren (HCl) das jeweilige Salz und Wasserstoff-Gas bilden:

$Zn + HCl \rightarrow ZnCl_2 + H_2$

Hinweis: Die Übersichtsgleichung ist noch nicht stöchiometrisch korrekt ausgeglichen!

Die zweite Etappe ist die Bestimmung aller Oxidationsstufen: Zink befindet sich im elementaren Zustand, also 0. In HCl haben wir für das H-Atom +1, da keine Ausnahme vorliegt. Das Cl-Atom hat demnach die Oxidationsstufe -1. Im Kapitel *Chemische Summen- und Strukturformeln* wurde schon erwähnt, dass Zink (obwohl Nebengruppenelement) in Verbindungen immer die Oxidationsstufe +2 hat. Dies kann man sich anhand seiner Position im PSE merken: Zn steht in der 2. Nebengruppe. Die Chlorid-Anionen in Zn-

$\overset{0}{\text{Zn}} + \overset{+I\ -I}{\text{HCl}} \rightarrow \overset{+II\ -I}{\text{ZnCl}_2} + \overset{0}{\text{H}_2}$

Cl$_2$ haben die Oxidationsstufe -1, genau wie in HCl. H$_2$ liegt im elementaren Zustand vor und hat die Oxidationsstufe 0.

Beim nächsten Schritt muss man die beiden Elemente finden, die ihre Oxidationsstufen ändern. Es wurde schon einmal kurz erwähnt, dass v. a. bei organischen Prozessen mehrere Reduktionen und Oxidationen stattfinden können, sodass es durchaus mehr als „nur" zwei Elemente sein könnten. Dies spielt aber für uns so gut wie keine Rolle. Man erkennt, dass Zink seine Oxidationsstufe von 0 (auf der linken Seite) zu +2 (auf der rechten Seite) erhöht. Die Oxidationsstufe des Wasserstoff-Atoms sinkt von +1 (auf der linken Seite) zu 0 (auf der rechten Seite).

Danach sind die jeweiligen Teilgleichungen zu formulieren. Unter einer Oxidation versteht man die Abgabe von e$^-$, wobei die Oxidationsstufe steigt. Unter einer Reduktion versteht man die Aufnahme von e$^-$, wobei die Oxidationsstufe sinkt. (Die Zusammenhänge und Eselsbrücken wurden am Anfang des Kapitels erläutert.) Mit welcher Teilgleichung angefangen wird, ist im Endeffekt egal. Wir entscheiden uns hier für die Oxidation.

Oxidation: Die Oxidation findet offenbar bei den Zn-Atomen statt, da deren Oxidationsstufe erhöht wird. Man notiert zuerst die beiden Teilchen:

$\overset{0}{\text{Zn}} \rightarrow \overset{+II}{\text{Zn}}{}^{2+}$

Hier sollte man sich fragen, warum man auf der rechten Seite lediglich Zn^{2+} nimmt und nicht die ganze Verbindung ZnCl$_2$. Deswegen sollte man sich merken, dass man von der ganzen Verbindung (wenn sie ionisch ist, wie bei Salzen und Laugen oder stark kovalent wie bei Säuren) lediglich das jeweilige Ion (Kation oder Anion) nimmt, bei dem sich das Teilchen mit veränderter Oxidationsstufe befindet. Im Kapitel *Chemische Summen- und Strukturformeln* haben wir uns schon mit Salzen beschäftigt. Das Salz ZnCl$_2$ besteht aus Zn^{2+}-Kationen und Cl$^-$ Anionen. Offenbar ändert Cl$^-$ seine Oxidationsstufe nicht (bei HCl und ZnCl$_2$ hat das Cl-Atom die Oxidationsstufe -1), deswegen nimmt man das Zn^{2+}-Kation.

Nun muss man die Elektronen ausgleichen. Damit das neutrale Zn-Atom zweifach positiv geladen wird, muss es 2 negative Ladungen (also 2 e^-) abgeben:
$$\overset{0}{Zn} - 2\,e^- \rightarrow \overset{+II}{Zn^{2+}}$$

Prinzipiell bevorzugt man folgende Schreibweise, obwohl es mathematisch vollkommen egal ist, wie es dargestellt wird:
$$\overset{0}{Zn} \rightarrow \overset{+II}{Zn^{2+}} + 2\,e^-$$

Vielleicht ist es hilfreich, sich zu merken, dass die Angabe der Elektronen mit Plus-Zeichen immer bevorzugt wird, also + 2 e^- (bei unserem Beispiel auf der rechten Seite) anstelle von - 2 e^- (bei unserem Beispiel auf der linken Seite). Ausdruücklich sei betont, dass beide Möglichkeiten völlig richtig sind.

Zum Schluss muss man sich überlegen, ob die Teilgleichung ausgeglichen ist, das heißt: Hat man auf beiden Seiten die gleiche Atomanzahl von jedem Element; sind die Ladungen auf beiden Seiten gleich? Da unsere Teilgleichung lediglich Zn-Atome beinhaltet, merkt man sofort, dass ihre Anzahl ausgeglichen ist: Auf jeder Seite befindet sich jeweils ein Zn-Atom. Die Ladungen sind ebenfalls ausgeglichen, da links keine Ladung vorkommt und rechts zwei positive (vom Zink-Kation) und zwei negative (von den beiden Elektronen), was ebenfalls 0 entspricht. Somit ist die Teilgleichung korrekt.

Formulieren wir nun die **Reduktion**. Offensichtlich wird der Wasserstoff reduziert, da seine Oxidationsstufe von + 1 (in HCl) zu 0 (in H_2) sinkt. Man überträgt die beiden Teilchen:
$$\overset{+I}{H^+} \rightarrow \overset{0}{H_2}$$

Hier nehmen wir von der HCl lediglich das Kation der Verbindung (H^+), da im Anion (Cl^-) die Oxidationsstufe nicht geändert wird und es somit nicht relevant ist. An dieser Stelle behandeln wir einen sehr wichtigen und leider häufig vergessenen Punkt, von dem die Korrektheit der kompletten Teilgleichung abhängt. Man merkt (oder sollte es zumindest merken), dass links **ein**

H-Atom vorkommt (H$^+$), wobei rechts **zwei** H-Atome (H$_2$) vorhanden sind! Somit muss man vor dem H$^+$ links eine 2 davor schreiben, damit die Anzahl der Atome ausgeglichen ist (d. h. auf beiden Seiten zwei H-Atome) und der spätere Elektronenausgleich ebenfalls stimmt. Dies wird immer gemacht, wenn man eine solche Nicht-Übereinstimmung der Anzahl der Atome sieht. (Typische Beispiele sind außerdem z.B. Cl$^-$ → Cl$_2$, O^{2-} → O$_2$ etc. also immer in korrekter Form: **2** Cl$^-$- → Cl$_2$, **2** O^{2-} → **O$_2$**)

$$2 \overset{+I}{H^+} \rightarrow \overset{0}{H_2}$$

Nun folgt der Elektronenausgleich. Es werden **von jedem der beiden** H$^+$-Kationen **1 e$^-$** aufgenommen, also insgesamt **2 e$^-$** (2 x 1e$^-$) :

$$2 \overset{+I}{H^+} + 2\ e^- \rightarrow \overset{0}{H_2}$$

Zuletzt überlegen wir uns, ob die Anzahl der Atome und die Ladungen auf beiden Seiten ausgeglichen sind. Links haben wir zwei H-Atome (2 H$^+$), rechts ebenfalls zwei (H$_2$). Auf der linken Seite gibt es zwei positive und zwei negative Ladungen, also insg. 0, auf der rechten Seite ebenfalls 0 Ladungen. Somit ist die Teilgleichung korrekt.

Nun müssen die beiden Teilgleichungen zur Gesamtgleichung (Redox-Gleichung) aufaddiert werden. Bevor dies geschieht, wird jede der beiden Teilgleichungen mit einer bestimmten Zahl multipliziert. Diese Zahl findet man für jede Teilgleichung heraus, indem man erst einmal das kleinste gemeinsame Vielfache (kgV) der beiden Elektronangaben (2 e$^-$ bei der Oxidation, 2 e$^-$ bei der Reduktion) berechnet. Sie ist 2. Nun multipliziert man jede Teilgleichung mit der Zahl, die herauskommt, wenn man das kgV durch die abgegebenen/aufgenommenen Elektronen dividiert. Für die Oxidation heißt das: 2 (kgV) / 2 (2 abgegebene Elektronen) = 1. Die Oxidation wird also mit 1 multipliziert:

$$\overset{0}{Zn} \rightarrow \overset{+II}{Zn^{2+}} + 2\ e^- \mid \times 1$$

Für die Reduktion hat man: 2 (kgV) / 2 (2 aufgenommene Elektronen) =

1. Die Reduktion wird also mit 1 multipliziert.

$2 \overset{+I}{H^+} + 2\,e^- \rightarrow \overset{0}{H_2} \mid \times 1$

Jetzt kann man die Redox-Gleichung formulieren. Man fängt mit den beiden linken Seiten der Teilgleichungen an. Dabei ist zu beachten, dass jedes Teilchen (Atom, Ion, Elektronen) mit der jeweils berechneten Zahl zu multiplizieren ist:

$Zn + 2\,H^+ + 2\,e^- \rightarrow$

Nun haben wir die linke Seite der Oxidation und Reduktion aufaddiert. Danach werden die beiden rechten Seiten der Teilgleichungen aufaddiert. Hier muss ebenfalls alles mit den jeweiligen Zahlen, die wir berechnet haben, multipliziert werden. Bei unserem Beispiel werden die beiden Teilgleichungen jeweils mit 1 multipliziert, also muss man das gar nicht beachten, aber bei den komplizierteren Gleichungen ist das nicht der Fall (weitere Beispiele s. u.)!

$Zn + 2\,H^+ + 2\,e^- \rightarrow Zn^{2+} + 2\,e^- + H_2$

Jetzt ist die Gesamtgleichung formuliert. Nun müssen die beiden Elektronenangaben auf jeder Seite wegfallen, sich also herauskürzen. Ist dies nicht der Fall, hat man einen Fehler (wahrscheinlich bei den Teilgleichungen oder beim Aufaddieren) gemacht.

$Zn + 2\,H^+ + 2\,\cancel{e^-} \rightarrow Zn^{2+} + 2\,\cancel{e^-} + H_2$

Zum Schluss könnte man sich überlegen, ob man noch etwas herauskürzen könnte: Dies ist nicht der Fall, da auf beiden Seiten kein gleicher Stoff (Atom, Ion, Molekül) vorkommt. Zu betonen ist, dass das Zn-Atom (Zn) **nicht** das Gleiche wie das Zn^{2+}- Ion ist, da das eine Teilchen ungeladen und das andere geladen ist.

Eine mögliche Frage lautet: In der Aufgabenstellung steht „Salzsäure", aber in der Gesamtgleichung steht nicht HCl, sondern nur H^+. Ist das okay so?

Antwort: Dies ist nicht nur okay, sondern absolut korrekt. Prinzipiell könnte man die Gesamtgleichung auch so formulieren: Zn + 2 HCl → ZnCl$_2$ + H$_2$, damit man tatsächlich sieht, dass es sich um HCl handelt. Aber der Sinn der Gesamtgleichung besteht darin, die beiden Teilgleichungen aufzusummieren, so wie wir es gemacht haben. Da in keiner der beiden Teilgleichungen HCl vorkommt (sondern nur H$^+$), ist unsere Version korrekt:

$$Zn + 2\,H^+ \rightarrow Zn^{2+} + H_2$$

Jetzt kommt ein anspruchsvolleres Beispiel. Kaliumpermanganat reagiert mit Wasserstoffperoxid, wobei u. a. Mn^{2+}-Ionen und Sauerstoff-Gas entstehen. Formulieren Sie Oxidation, Reduktion und Redox.

Beginnen wir wieder mit der Übersichtsgleichung:

$$KMnO_4 + H_2O_2 \rightarrow Mn^{2+} + O_2$$

Wie schon erwähnt, ist es bei den meisten Redox-Prozessen gar nicht möglich, im Rahmen der Übersichtsgleichung alle beteiligten Edukte und Produkte vorherzusehen. Deswegen sollte man sich mit den wenigen Informationen der Aufgabenstellung erst einmal zufriedengeben.

Bestimmen wir nun die Oxidationsstufen aller beteiligten Atome. Diesen Schritt behandeln wir nicht ausführlich, da wir das mehrmals erklärt haben. Hier ist auf jeden Fall auf die Oxidationsstufe des O-Atoms in H$_2$O$_2$ zu achten, sie ist -1, da es sich um ein Peroxid handelt (s. Regeln bzw. Ausnahmen zum Sauerstoff)!

$$\overset{+I\,+VII\,-II}{KMnO_4} + \overset{+I\,-I}{H_2O_2} \rightarrow \overset{II}{Mn^{2+}} + \overset{0}{O_2}$$

Nun muss man die beiden Atome identifizieren, die ihre Oxidationsstufen ändern: Mn (+7 in KMnO$_4$ → +2 in Mn^{+2}) und O (+1 in H$_2$O$_2$ → 0 in O$_2$)

Jetzt können wir die Teilgleichungen formulieren. Fangen wir z. B. mit der Reduktion an. Prinzipiell haben wir das Vorgehen im letzten Beispiel erklärt, wir möchten trotzdem noch einmal darauf eingehen, da hier ein paar Besonderheiten vorkommen.

Bei der Reduktion sinkt die Oxidationsstufe, also müssen wir uns mit den Mn-Atomen beschäftigen. Von der ganzen Verbindung KMnO$_4$ verwenden wir nur das Anion, also das Manganat MnO4$^-$, da das Salz KMnO$_4$ aus K$^+$ und MnO$_4^-$ besteht, wobei mit dem K$^+$-Ion hinsichtlich der Oxidationsstufe nichts passiert.

$$\overset{+\text{VII}}{\text{Mn}}\text{O}_4^- \rightarrow \overset{+\text{II}}{\text{Mn}}{}^{2+}$$

Nun gleichen wir die Elektronen aus. Von links nach rechts werden 5 e$^-$ aufgenommen, damit die Oxidationsstufe des Mn-Atoms in MnO$_4^-$ von +7 zu +2 im Mn^{2+}-Kation sinkt. Man kann sich das auch so erklären: Zu 7 positiven Ladungen werden 5 negative addiert, was insgesamt 2 positive Ladungen ergibt , denn +7 + (-5) = +2.

$$\overset{+\text{VII}}{\text{Mn}}\text{O}_4^- + 5\ e^- \rightarrow \overset{+\text{II}}{\text{Mn}}{}^{2+}$$

Jetzt müssen wir die Teilgleichung vervollständigen, da nur auf der linken Seite O-Atome vorkommen. An dieser Stelle ist es wichtig zu wissen, dass die fehlenden Atome O und/oder H mit H$_2$O auf der einen Seite der Teilgleichung und auf der anderen Seite mit H$^+$ **oder** OH$^-$ ausgeglichen werden. Auf der einen Seite hat man also H$_2$O, auf der anderen H$^+$/OH$^-$.

(Bitte niemals den Fehler machen, eine Teilgleichung mit H$^+$ auf der einen Seite und OH$^-$ auf der anderen Seite auszugleichen. Warum geht das nicht? Redox-Prozesse laufen im sauren oder basischen Medium ab, deswegen kann es nicht sein, dass auf der einen Seite das Milieu sauer ist — wegen H$^+$ — und auf der anderen Seite doch basisch — wegen OH$^-$. Dies wäre nicht möglich. Ein kleiner Tipp vorab: Meistens steht in der Aufgabenstellung nicht explizit, ob der Prozess im sauren oder basischen Milieu abläuft. Da kann man sich natürlich aussuchen, ob man mit H$^+$ und H$_2$O — saures Milieu — oder OH$^-$ und H$_2$O — basisches Milieu — arbeiten möchte. Man sollte sich merken, dass das Ausgleichen mit H$^+$ und H$_2$O einfacher ist als mit OH$^-$ und H$_2$O. Deswegen wäre es sinnvoll, das zu bevorzugen. Beispiele im Basischen werden unten erläutert.)

Nun zurück zu unserer Teilgleichung. Wir wollen im Sauren ausgleichen, da dies gewöhnlich einfacher als im Basischen ist. Deswegen werden wir mit H^+ und H_2O arbeiten. Wir müssen uns überlegen, auf welcher Seite welches der beiden Teilchen stehen sollte. Auf der rechten Seite fehlen die O-Atome, von daher muss da H_2O benutzt werden. Demnach wird H^+ auf der linken Seite stehen.

$$\overset{+VII}{Mn}O_4^- + 5\,e^- + H^+ \rightarrow \overset{+II}{Mn}{}^{2+} + H_2O$$

Wie viele Äquivalente jeweils? Links haben wir 4 O-Atome. Demnach brauchen wir rechts 4 Äquivalente H_2O, damit ebenfalls hier 4 O-Atome vorhanden sind.

$$\overset{+VII}{Mn}O_4^- + 5\,e^- + H^+ \rightarrow \overset{+II}{Mn}{}^{2+} + 4\,H_2O$$

Die Anzahl der H^+ ergibt sich aus der Anzahl der H-Atome auf der rechten Seite: 8 (4 x 2, da in jedem H_2O-Äquivalent 2 H-Atome vorkommen):

$$\overset{+VII}{Mn}O_4^- + 5\,e^- + 8\,H^+ \rightarrow \overset{+II}{Mn}{}^{2+} + 4\,H_2O$$

Nun ist die Reduktion ausgeglichen: Die Anzahl der Atome stimmt auf beiden Seiten überein, die der Elektronen ebenfalls. Zum Schluss kann man zur Sicherheit auch noch kurz die Ladungen jeder Seite prüfen: Links haben wir eine negative (1 MnO_4^-), 5 negative (5 e^-) und 8 positive (8 H^+), was insg. 2 positive Ladungen ergibt, da $-1 - 5 + 8 = +2$. Rechts sind lediglich 2 positive Ladungen vom Mn^{2+}-Kation vorhanden. Alles stimmt also.

Jetzt können wir die Oxidation formulieren. Die Oxidationsstufe des O-Atoms steigt von -1 (in H_2O_2) auf 0 (in O_2).

$$H_2\overset{-I}{O}_2 \rightarrow \overset{0}{O}_2$$

Gleichen wir wie gewohnt erst einmal die e^- aus. Es werden von links nachts rechts 2 e^- abgegeben. Hier wird häufig der Fehler gemacht, zu denken, dass lediglich 1 e⁻ abgegeben/aufgenommen wird. Man sollte beachten, dass sowohl in H_2O_2 als auch in O_2 jeweils zwei O-Atome vorhanden sind. Jedes davon gibt bzw. nimmt zwar 1 e⁻ ab bzw. auf, insgesamt sind es jedoch 2 e⁻.

$$H_2\overset{-I}{O}_2 \rightarrow \overset{0}{O}_2 + 2\ e^-$$

Nun müssen wir die H-Atome ausgleichen, da auf der rechten im Gegensatz zur linken Seite keine Wasserstoff-Atome vorkommen. Wir haben eben gelernt, dass dies mit H^+/H_2O bzw. OH^-/H_2O geschieht. Wir haben uns bei der ersten Teilgleichung schon auf das saure Milieu festgelegt, hier müssen wir also wieder H^+ und H_2O benutzen. Die H^+ müssen offenbar auf der rechten Seite stehen, und zwar 2 Äquivalente davon, da links 2 H-Atome vorhanden sind und rechts gar keine.

$$H_2\overset{-I}{O}_2 \rightarrow \overset{0}{O}_2 + 2\ e^- + 2\ H^+$$

Jetzt könnte man sich denken, dass H_2O auf der linken Seite stehen sollte, da rechts H^+ ist. Bei diesem Beispiel brauchen wir aber ausnahmsweise das Wasser gar nicht, da schon die Teilgleichung ausgeglichen ist: sowohl die Anzahl der Atome als auch die der Ladungen/Elektronen.

Bevor wir die Gesamtgleichung (Redox) formulieren, müssen wir uns wieder überlegen, mit welcher Zahl jede Teilgleichung multipliziert werden soll. Dafür gehen wir wie gewohnt vor. Das kgV der beiden Elektronenangaben (5 bei der Reduktion, 2 bei der Oxidation) ist 10. Demnach wird die Reduktion mit 10 / 5 = 2 multipliziert, die Oxidation mit 10 / 2 = 5.

$$\overset{+VII}{MnO_4^-} + 5\ e^- + 8\ H^+ \rightarrow \overset{+II}{Mn^{2+}} + 4\ \overset{+I\ -II}{H_2O}\ |\ x\ 2$$
$$H_2\overset{-I}{O}_2 \rightarrow \overset{0}{O}_2 + 2\ e^- + 2\ H^+\ |\ x\ 5$$

Aufsummiert ergeben sie die Gesamtgleichung (Redox):

$2\ MnO_4^- + 10\ e^- + 16\ H^+ + 5\ H_2O_2 \rightarrow 2\ Mn^{2+} + 8\ H_2O + 5\ O_2 + 10\ e^- + 10\ H^+$

Die 10 e⁻ auf beiden Seiten kürzen sich heraus:

2 MnO$_4^-$ + 10 e̶⁻ + 16 H$^+$ + 5 H$_2$O$_2$ → 2 Mn^{2+} + 8 H$_2$O + 5 O$_2$ + 10 e̶⁻ + 10 H$^+$

(Zur Erinnerung: Die e$^-$ müssen immer bei der Redox-Gleichung auf beiden Seiten „wegfallen" bzw. gleich sein, sonst hat man einen — oder mehrere — Fehler gemacht!)

Man stellt außerdem fest, dass man auf beiden Seiten H$^+$ hat: links 16, rechts 10. Demnach können von jeder Seite der Gleichung 10 H$^+$ subtrahiert werden:

2 MnO$_4^-$ + 10 H$^+$ + 5 H$_2$O$_2$ → 2 Mn^{2+} + 8 H$_2$O + 5 O$_2$

Zum Abschluss ein **Beispiel** im basischen Medium:

Elementares Brom (Br$_2$) reagiert in alkalischer Lösung. Es werden Bromid (Br$^-$) und Bromat (BrO$_3^-$) gebildet. Die Übersichtsgleichung macht uns nicht wirklich schlauer, aber man muss zumindest alle Oxidationsstufen bestimmen:

$$\overset{0}{\text{Br}_2} + \overset{-II+I}{\text{OH}^-} \rightarrow \overset{-I}{\text{Br}^-} + \overset{+V\ -II}{\text{BrO}_3^-}$$

An dieser Stelle passiert Erstaunliches. Brom ändert einmal seine Oxidationsstufe von 0 (Br$_2$) zu -1 (Br$^-$), sie sinkt, also wird es reduziert und einmal von 0 (Br$_2$) zu +5 (BrO$_3^-$), sie steigt, also wird es auch oxidiert. Man nennt den Prozess Disproportionierung: Als Merksatz dient: „aus einem (Br$_2$) werden zwei (Br$^-$ und BrO$_3^-$)". Wir erkennen anhand der Oxidationsstufen, dass eine klassische Oxidation und Reduktion vorliegt. Es ist am Anfang aber etwas merkwürdig, dass dies mit demselben Element passiert. Man sollte sich nicht verunsichern lassen, dies ist durchaus möglich. Das Gegenteil der Disproportionierung ist die Konproportionierung/Synproportionierung — „aus zwei wird einer".

Fangen wir mit der Reduktion an:

$$\overset{0}{\text{Br}_2} \rightarrow \overset{-I}{\text{Br}^-}$$

Jetzt nicht vergessen, zuerst die Br-Atome auszugleichen. Links haben wir 2 (da Br$_2$), rechts nur eins (Br$^-$). Somit muss eine 2 vor dem Br$^-$ stehen, sonst wäre die ganze Teilgleichung (sowie die Redox-Gleichung) falsch.

$$\overset{0}{\text{Br}_2} \rightarrow 2\ \overset{-\text{I}}{\text{Br}^-}$$

Nun sind die Elektronen an der Reihe. Von links nach rechts werden 2 e$^-$ aufgenommen. Hier tendiert man dazu, lediglich 1 e$^-$ anzugeben. Da aber jeweils 2 Br-Atome vorhanden sind, sind es zweimal 1 Elektron, also 2 e$^-$.

$$\overset{0}{\text{Br}_2} + 2\ \text{e}^- \rightarrow 2\ \overset{-\text{I}}{\text{Br}^-}$$

Die Teilgleichung ist vollständig ausgeglichen: Atomanzahl, Elektronen, Ladung. Hier ist es etwas einfacher, da keine fehlenden O-/H-Atome vorkommen.

Bei der Oxidation steigt die Oxidationsstufe des Br$_2$-Moleküls von 0 auf +5 (in BrO$_3^-$)

$$\overset{0}{\text{Br}_2} \rightarrow \overset{+\text{V}\ -\text{II}}{\text{BrO}_3^-}$$

Man muss wieder sofort daran denken, 2 Äquivalente Bromat zu nehmen, damit die Anzahl der Brom-Atome auf beiden Seiten zwei ist!

$$\overset{0}{\text{Br}_2} \rightarrow 2\ \overset{+\text{V}\ -\text{II}}{\text{BrO}_3^-}$$

Es werden vom Br$_2$ 10 (zweimal 5) Elektronen abgegeben:

$$\overset{0}{\text{Br}_2} \rightarrow 2\ \overset{+\text{V}\ -\text{II}}{\text{BrO}_3^-} + 10\ \text{e}^-$$

Nun muss man die O-Atome ausgleichen, also H$^+$/H$_2$O oder OH$^-$/H$_2$O benutzen. Da hat man allerdings keine Wahl, da in der Aufgabenstellung explizit auf das Milieu eingegangen wird: *in alkalischer Lösung*, also basisch, d. h. OH$^-$/H$_2$O.

Das Ausgleichen im Basischen ist zugegebenermaßen etwas umständlicher und komplizierter als im Sauren. Deswegen ein kleiner, aber wirklich sehr hilfreicher Tipp: Auf der Seite, wo O-Atom(e) fehlen, nimmt man OH$^-$. Um ihre Anzahl zu ermitteln, überlegt man sich Folgendes: Wie viele O-Atome fehlen? Im vorliegenden Fall fehlen 6 O-Atome, da rechts 6 O-Atome (2 BrO$_3^-$) vorkommen und links gar keine. Man verdoppelt dann die Menge der fehlenden

O-Atome, hier: zweimal 6, ergibt 12. Diese Zahl entspricht der Anzahl an OH^-, die gebraucht werden. Auf der anderen Seite muss dann das H_2O stehen. Wir brauchen 6 Äquivalente H_2O, da links 12 H-Atome vorkommen (12 OH^-) und rechts hätte man 6 H_2O, was ebenfalls 12 H-Atomen entspricht.

$$\overset{0}{Br_2} + 12\ \overset{-II+I}{OH^-} \rightarrow 2\ \overset{+V\ -II}{BrO_3^-} + 10\ e^- + 6\ \overset{+I-II}{H_2O}$$

Nun sind alle Atome ausgeglichen, diese Teilgleichung ist erledigt. Das kgV der beiden Elektronenangaben (2 bei der Reduktion, 10 bei der Oxidation) ist 10, demnach multipliziert man die Reduktion mit $10 : 2 = 5$, die Oxidation mit $10 : 10 = 1$.

$$\overset{0}{Br_2} + 2\ e^- \rightarrow 2\ \overset{-I}{Br^-}\ |\ x\ 5$$

$$\overset{0}{Br_2} + 12\ \overset{-II+I}{OH^-} \rightarrow 2\ \overset{+V\ -II}{BrO_3^-} + 10\ e^- + 6\ \overset{+I-II}{H_2O}\ |\ x1$$

Nachdem beide Gleichungen aufsummiert sind, erhält man die Redox-Gleichung. Sie lautet:

$$5\ \overset{0}{Br_2} + 10\ e^- + \overset{0}{Br_2} + 12\ \overset{-II+I}{OH^-} \rightarrow 10\ \overset{-I}{Br^-} + 2\ \overset{+V\ -II}{BrO_3^-} + 10\ e^- + 6\ \overset{+I-II}{H_2O}$$

Die beiden 10 e^- kürzen sich heraus.

$$5\ \overset{0}{Br_2} + \overset{0}{Br_2} + 12\ \overset{-II+I}{OH^-} \rightarrow 10\ \overset{-I}{Br^-} + 2\ \overset{+V\ -II}{BrO_3^-} + 6\ \overset{+I-II}{"H_2O}$$

Außerdem kann man die „5 Br_2 + Br_2" auf der linken Seite als „6 Br_2" darstellen, damit es übersichtlicher aussieht:

$$6\ \overset{0}{Br_2} + 12\ \overset{-II+I}{OH^-} \rightarrow 10\ \overset{-I}{Br^-} + 2\ \overset{+V\ -II}{BrO_3^-} + 6\ \overset{+I-II}{H_2O}$$

Zur Übung könnt ihr folgende Redox-Aufgaben selber lösen (und dann euer Ergebnis kontrollieren):

Aufgabe 1: Ein Stück Kupfer wird in konzentrierter HNO_3 gelöst, wobei u. a. Cu^{2+} und Stickstoffmonoxid NO entstehen. Formulieren Sie Oxidation, Reduktion, Redox.

Oxidation: $\overset{0}{\text{Cu}} \rightarrow \overset{+II}{\text{Cu}^{2+}} + 2\,e^- \mid \times\, 3$

Reduktion: $\overset{+V-II}{\text{NO}_3^-} + 3\,e^- + 4\,\overset{+I}{\text{H}^+} \rightarrow \overset{+II-II}{\text{NO}} + 2\,\overset{+I-II}{\text{H}_2\text{O}} \mid \times\, 2$

Redox: $3\,\overset{0}{\text{Cu}} + 2\,\overset{+V}{\text{N}}\overset{-II}{\text{O}_3^-} + 6\,\cancel{e^-} + 8\,\overset{+I}{\text{H}^+} \rightarrow 3\,\overset{+II}{\text{Cu}^{2+}} + 6\,\cancel{e^-} + \overset{+II-II}{\text{NO}} + 4\,\overset{+I-II}{\text{H}_2\text{O}}$

Aufgabe 2: Eisen(III)-Kationen reagieren mit Iodid (I^-), wobei Eisen(II)-Kationen sowie Elementariod (I_2) gebildet werden. Formulieren Sie Oxidation, Reduktion, Redox.

Oxidation: $2\,\overset{-I}{\text{I}^-} \rightarrow \overset{0}{\text{I}_2} + 2\,e^- \mid \times\, 1$

Reduktion: $\overset{+III}{\text{Fe}^{3+}} + e^- \rightarrow \overset{+II}{\text{Fe}^{2+}} \mid \times\, 2$

Redox: $2\,\overset{-I}{\text{I}^-} + 2\,\overset{+III}{\text{Fe}^{3+}} + 2\,\cancel{e^-} \rightarrow \overset{0}{\text{I}_2} + \cancel{2\,e^-} + 2\,\overset{+II}{\text{Fe}^{2+}}$

Es ist an der Stelle wenig sinnvoll, weitere Beispiele aufzuführen. Wenn ihr den Stoff bisher gelernt und verinnerlicht habt, solltet ihr keine Probleme bei der Lösung von Redox-Gleichungen haben.

Kapitel 10

Komplexe

Lernziele

- Aufbau und Nomenklatur von Komplexen

- Komplex-Konstanten

Das Thema Komplexe wird kurz behandelt, da Komplexe zwar für den medizinischen Alltag (als Bestandteil von Enzymen und Proteinen im menschlichen Körper; wichtige Substanzen im Labor z. B. bei der Blutgerinnungshemmung als EDTA-Komplexe etc.) wichtig sind, aber in Prüfungen v. a. die groben Aufbau und Nomenklatur und das Erkennen von Komplexen eine Rolle spielen. Meistens handelt es sich hierbei um ein Randthema, das durchaus bedeutsam ist, aber nicht häufig und ausführlich abgefragt wird.

Aufbau

Komplexe können allgemein als Salze aufgefasst werden. Als Beispiel nehmen wir $[Cu(H_2O)_6]SO_4$. Sie sind aber, wie der Name schon sagt, komplexer aufgebaut als „normale" Salze. Denn das Kation (wie in unserem Beispiel) oder das Anion im Komplexsalz hat mehrere Bestandteile (bei uns Cu^{2+} und

133

H₂O, nicht nur ein Metall-Kation wie in üblichen Salzen). Das Komplex-Ion (Kat- oder Anion) wird in eckigen [Klammern] angegeben. Es besteht aus einem Metallion (bei uns Cu^{2+}), das man auch als Zentralatom bezeichnet, und aus den ihn umgebenden Liganden. Liganden sind andere Ionen oder neutrale Moleküle (bei uns H₂O, anderes typisches Beispiel wäre NH₃ als neutraler Ligand). Wichtige Voraussetzung für die Liganden ist, dass sie freie Elektronenpaare (lone pairs) besitzen, damit es zur Ausbildung koordinativer Bindungen (s. Kapitel *Chemische Bindung*) zwischen dem Zentralatom und den Liganden kommen kann. Man sollte sich außerdem merken, dass die Komplex-Ionen meistens außerordentlich stabil sind.

Nomenklatur

Man sollte einfachere Komplexe benennen können. Hierbei gibt es zwei Möglichkeiten: ein Komplex(salz) mit komplexem Kation oder ein Komplex(salz) mit komplexem Anion. Schauen wir uns beide Fälle an:

1. Bei Komplexen, in denen das Komplex-Ion das Kation ist, fängt man mit der Anzahl (Mono-, Di-, Tri-, Tetra-, Penta-, Hexa- etc.) und dem Namen des Liganden an, z. B. [Ag(NH₃)₂]Cl. Bei uns besteht der Ligand aus zwei (Di-) Ammoniak-Molekülen (Ammin-, s. Tabelle u.), deswegen Diammin. Danach wird das Zentralelement benannt, also den Namen des Metalls, bei uns Silber. Also: Diamminsilber-. Als letzter Schritt wird das Anion benannt, bei uns Chlorid. Dies ergibt: Diamminsilberchlorid.

Der Name des Komplexes [Cu(H₂O)₆]SO₄ (ein Kationkomplex) lautet Hexaaquakupfersulfat, da der Ligand aus sechs Wasser-Molekülen besteht (→ Hexaaqua), das Zentralelement Kupfer (→ Kupfer) und das Anion Sulfat (→ Sulfat) ist. Prinzipiell könnte man hierbei kenntlich machen, dass es sich um Kupfer(II) handelt, da wie im Kapitel *Chemische Summen- und Strukturformeln* erklärt wurde auch einwertiges Kupfer existiert, indem man dies im Namen notiert: Hexaaquakupfer(II)-sulfat. Woher weiß man aber, wie es mit der Oxidationsstufe des Zentralelementes aussieht bzw. dass diese tatsächlich +2 und nicht +1 ist? In unserem Beispiel hat das Anion Sulfat zwei negative Ladungen. Da der Komplex offensichtlich nach außen hin elektroneutral ist (da der ganze Komplex offenbar keine Ladung trägt), müssen im Kation (bei uns das Komplexion) zwei positive Ladungen vorkommen, damit die beiden negativen Ladungen des Anions (Sulfat) aufgehoben werden. Die Wasser-Liganden haben 0 als Oxidationsstufe, da neutrale Moleküle (NH_3, H_2O, CO etc.) in Komplexen immer die Oxidationsstufe 0 bekommen. Somit muss das Kupferkation zweifach positiv geladen sein, um die beiden negativen Ladungen des Sulfats auszugleichen. Daraus folgt, dass es sich um Kupfer(II) handelt!

Aufgabe: Zur Übung könnt ihr folgendes Komplexsalz benennen und die Oxidationszahl des Zentralelementes bestimmen.

$[Al(H_2O)_6]Cl_3$

Lösung: Der richtige Name lautet Hexaaquaaluminiumchlorid. Die Oxidationsstufe des Aluminiums ist +3. (Nebenbei möchten wir anmerken, dass, sollten im Komplexion mehrere Liganden vorkommen, diese alphabetisch geordnet werden. Solche Beispiele gehen wirklich zu tief in den Stoff, wir erwähnen diese Tatsache nur kurz, damit man eine allgemeine Vorstellung davon hat.)

---

2. Bei Komplexen, in denen das Komplex-Ion das Anion ist, fängt man mit dem Kation im Komplexsalz an, z. B. $Li[Au(CN)_2]$. Dies ist ein Metall, deswegen unkompliziert: Lithium. Danach fokussiert man sich auf das Anion, wo man das tatsächliche Komplex-Ion auch findet. Als Erstes gibt man die Anzahl (mono-, di-, tri-, tetra-, penta-, hexa- etc.) und den Namen des Liganden an. Bei uns besteht der Ligand aus zwei ($\rightarrow$ di-) Cyanid-Ionen ($\rightarrow$ Cyano-, s. Tabelle), deswegen „-dicyano-", also bisher insgesamt: Lithiumdicyano-. Danach

wird das Zentralelement benannt, also der Name des Metalls im Komplex-Ion, bei uns Gold, mit dem Suffix „-at". Dabei benutzt man in Komplex-Anionen meistens die lateinischen Namen der Metalle, beim Gold wäre dies „Aurat" (von aurum - Gold). Also: Lithiumdicyanoaurat. Wenn z. B. Fe oder Hg in Komplex-Anionen vorkommen, lauten die jeweiligen Namen „Ferrat" (ferrum = Eisen) bzw. „Merkurat" (mercurium = Quecksilber).

Aufgabe: Wie lautet der Name von $K_3[Fe(CN)_6]$? Welche Oxidationsstufe hat das Zentralelement?

Lösung: Kaliumhexacyanoferrat(III), Fe in der Oxidationsstufe +3.

Formel des Liganden	Name des Liganden im Komplex
H_2O	aqua/aquo
NH_3	ammin
CO	carbonyl
CN^-	cyano
OH^-	hydroxo
$F^-/Cl^-/Br^-/I^-$	„halogenido" (fluorido, chlorido, etc.)

(Zumindest) Die Liganden der obigen Tabelle solltet ihr euch mit dem jeweiligen Namen merken, da sie bei der Benennung wichtig sind. In älteren Lehrbüchern findet man noch die heutzutage als veraltetet angesehene Bezeichnungen mancher Liganden, z. B. *„cyanido"* statt *„cyano"* etc.

Schauen wir uns die Reaktionsgleichung einer Komplexbildung an:
$Cu(OH)_2 + 6\,NH_3 \rightarrow [Cu(NH_3)_6](OH)_2$

Wenn wir das Massenwirkungsgesetz anwenden, können wir die uns schon bekannte Gleichgewichtskonstante formulieren. Sie heißt hier Komplexbildungskonstante, da offenbar ein Komplex gebildet wird, und wird als K_B abgekürzt.

Das Prinzip ist aber das gleiche wie bei K_C (s. Kapitel *Thermodynamik, Kinetik, Gleichgewicht*):

$$K_B = \frac{[[Cu(NH_3)_6](OH)_2]}{[Cu(OH)_2][NH_3]^6}$$

Bei der experimentellen Bestimmung wurde festgestellt, dass sie einen sehr großen Wert hat. Dies bedeutet, dass der Komplex sehr stabil ist. Diesen Zusammenhang kann man sich außerdem aus dem Bruch herleiten, da in diesem Falle die Konzentration des Komplexes sehr hoch ist. Merke: Je größer (je positiver ihr Wert) die Komplexbildungskonstante ist, desto stabiler der Komplex. Dies erklärt die Tatsache, dass das schwerlösliche hellblaue Kupfer(II)-hydroxid $Cu(OH)_2$ sehr leicht in Ammoniak NH_3 zum löslichen, aber sehr stabilen dunkelblauen Komplex Diamminkupfer(II)-hydroxid gelöst wird.

In manchen Aufgaben wird man aufgefordert, die Dissoziationskonstante K_D (auch als Zerfallskonstante bekannt) zu formulieren. Dabei handelt es sich um den „Zerfall" des Komplexes, also um die Rückreaktion der Komplexbildung. Bei uns hieße das:

Komplexbildung:

$Cu(OH)_2 + 6\,NH_3 \rightarrow [Cu(NH_3)_6](OH)_2$

$$K_B = \frac{[[Cu(NH_3)_6](OH)_2]}{[Cu(OH)_2][NH_3]^6}$$

Komplexzerfall (Komplexdissoziation):

$[Cu(NH_3)_6](OH)_2 \rightarrow Cu(OH)_2 + 6\,NH_3$

$$K_D = \frac{[Cu(OH)_2][NH_3]^6}{[[Cu(NH_3)_6](OH)_2]}$$

Bei beiden Konstanten handelt es sich schlicht um das schon bekannte Massenwirkungsgesetz, die Namen orientieren sich an der jeweiligen Reaktion, also daran, ob der Komplex gebildet (K_B) oder aufgelöst (K_D) wird. Der

Zusammenhang zwischen den beiden Konstanten ist: $K_B = 1 \:/\: K_D$ bzw. $K_D = 1 \:/\: K_B$. Eine neue Bezeichnung für einen schon bekannten Stoff.

Abschließend möchten wir uns mit dem Begriff der Zähnigkeit beschäftigen. Darunter versteht man, wie viele Atome im Liganden die Möglichkeit haben, mit ihren lone pairs koordinative Bindungen mit dem Zentralelement einzugehen. Es handelt sich hierbei fast immer um die Elemente Stickstoff und Sauerstoff, da beide ziemlich elektronegativ sind und freie Elektronenpaare (lone pairs) besitzen. Ein einzähniger Ligand wäre z. B. das Ammoniak NH_3, da bei ihm, wenn es als Ligand fungiert, ein einziges Atom (N) ein lone pair hat und mit ihm koordinativ mit dem Zentralelement interagiert. Ein bekannter, sechszähniger Ligand ist die EDTA (Ethylendiamintetraessigsäure bzw. tetraacetat):

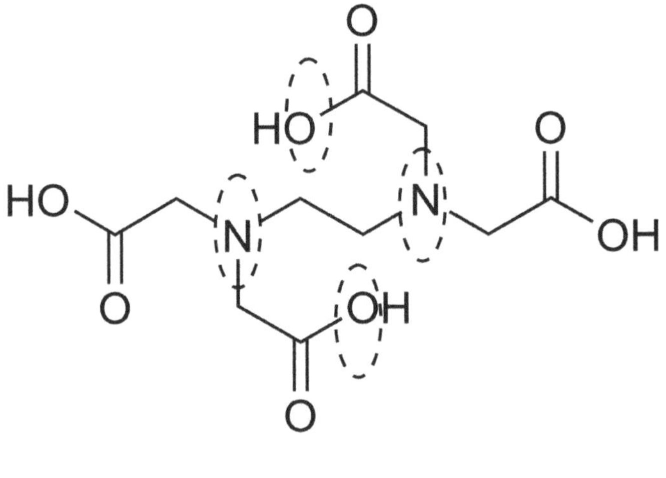

Die Atome (insg. 6, deswegen sechszähnig), die mit ihren lone pairs die koordinativen Bindungen eingehen, sind im Kreis markiert. EDTA wird im Labor z. B. dazu benutzt, Ca^{2+} aus Blutproben zu komplexieren. Somit kann das Blut im Reagenzglas nicht gerinnen, da Ca^{2+} für diesen Prozess zwar benötigt wird, aber im EDTA Komplex gebunden ist.

Kapitel 11

Überblick der Organischen Chemie

Lernziele

- Besonderheiten des Kohlenstoff-Atoms in der organischen Chemie

- Hybridisierungen des Kohlenstoff-Atoms

- Bindungstypen in der organischen Chemie

Die Organische Chemie ist die Chemie des Kohlenstoff-Atoms. Fast alle Verbindungen des Kohlenstoffs sind organisch. Zu den wichtigsten Ausnahmen zhlen die anorganischen Verbindungen H_2CO_3 (und deren Salze Carbonate und Hydrogencarbonate), CO, CO_2. In der Organik spielen außerdem die Elemente H und O eine sehr wichtige Rolle, da sie sehr häufig in Bindung mit C treten.

Weitere häufige (biochemische) Elemente sind N (bei Aminosäuren, Proteinen, Aminen, Amiden etc.), S (Ausbildung Disulfidbrücken → Proteinstabilisierung, Thiole → Oxidationsschutz z. B. vermittelt durch Gluthation etc.), Mg (v. a. ATP-Enzym-katalysierte Reaktionen in der Biochemie) u. v. m.

In der Organik muss man wissen, dass das C-Atom stets vierbindig ist (Ausnahme: Carbokationen und -anionen, die bei den jeweiligen Mechanismen erklärt werden). Wie kommt das zustande? Das C-Atom (Ordnungszahl 6) hat folgende Elektronenkonfiguration: $1S^2 2S^2 2P^2$:

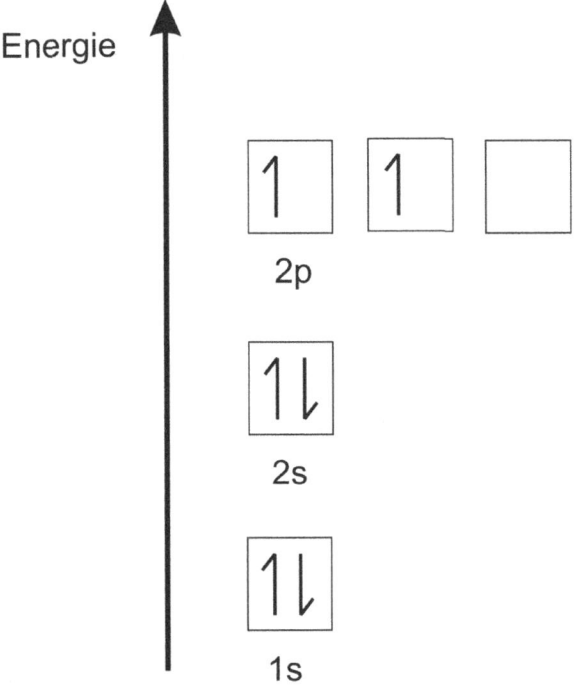

Da nun offenbar zwei einzelne Elektronen vorliegen, wäre es möglich, nur zwei Bindungen auszubilden, nicht vier. Deswegen muss der Kohlenstoff in einen anderen Zustand übergehen, in dem vier einzelne Elektronen vorhanden sind. Durch Hybridisierung (Vermischung) des 2S-Orbitals mit den 2P-Orbitalen erhält man vier in Bezug auf Energie, Form und Größe gleiche Orbitale. Aufgrund der gleichen Energie stehen sie im zweiten Bild auf gleicher Ebene:

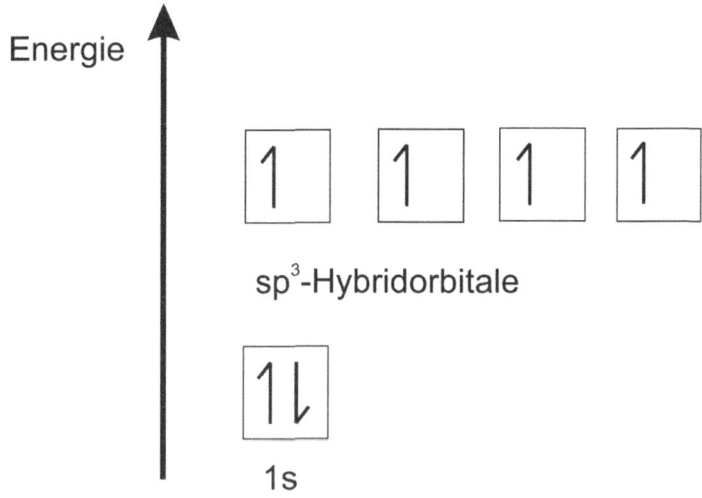

Die Hundsche-Regel besagt, dass gleiche Orbitale zuerst einfach besetzt werden. Somit springt das zweite Elektron vom ehemaligen 2S-Orbital in das freie 2P-Orbital. Was hat man bei diesem Vorgang erhalten? Ein S-Orbital hat sich mit drei P-Orbitalen vermischt, es handelt sich also um eine sp^3-Hybridisierung. Wie aus der Bezeichnung ersichtlich, wird die Anzahl der Orbitale als Potenz angegeben, deswegen p^3, die Zahl 1 wird übrigens nicht angegeben. Da nun vier einzelne Elektronen vorhanden sind, kann das C-Atom in diesem Zustand vier einzelne Bindungen eingehen.

Das Ethen $H_2C=CH_2$ ist ein Kohlenwasserstoff. In seinem Molekül sind zwei C-Atome durch eine Doppelbindung miteinander verbunden. Jedes C-Atom bindet außerdem noch jeweils zwei H-Atome. Es handelt sich um sp^2-hybridisierte C-Atome. Wie kommt diese Hybridisierung zustande? Bei der sp^2-Hybridisierung, wie der Name schon sagt, vermischen sich ein S-Orbital mit zwei P-Orbitalen:

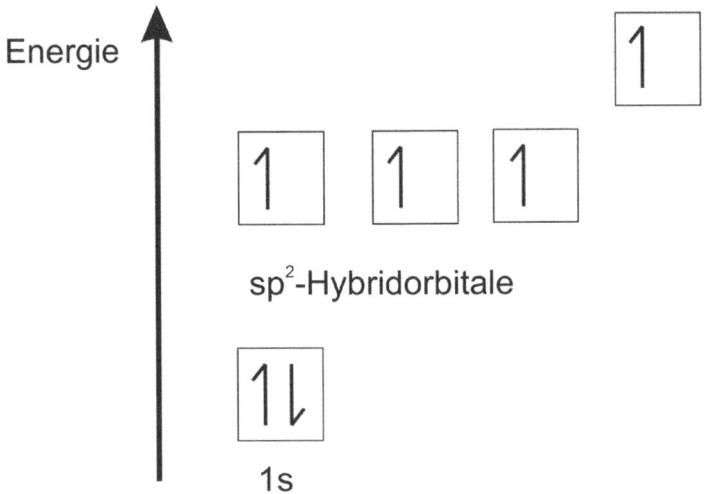

Es wird ersichtlich, dass eins der drei P-Orbitale nicht hybridisiert wird. Demnach ist es energiereicher (desw. höher im Schema positioniert) als die hybridisierten sp²-Orbitale, die gleich in Energie, Länge und Form sind. Zwei solche C-Atome verbinden sich miteinander, indem jedes davon jeweils eins der hybridisierten Elektronen benutzt. So entsteht die C-C-Bindung. Jedes der beiden C-Atome hat außerdem noch zwei sp²-Elektronen. Jedes davon bindet jeweils ein H-Atom. Was passiert mit dem nicht-hybridisierten P-Elektron jedes C-Atoms? Die beiden Elektronen verbinden sich und so entsteht die zweite C-C-Bindung, also insg. eine C=C-Doppelbindung. Bei der zweiten Bindung handelt es sich um eine sog. π-Bindung (P-P-Bindung), da sie aus den nicht hybridisierten P-Elektronen entsteht → Näheres zu σ- und π-Bindungen, s. u.

Zum Abschluss des Themas Hybridisierungen möchten wir uns dem Ethin HC≡CH widmen, ebenfalls ein Kohlenwasserstoff. Wie aus der Strukturformel ersichtlich wird, besteht zwischen den beiden C-Atomen eine Dreifachbindung. Jedes C-Atom bindet außerdem noch jeweils ein H-Atom. Hierbei handelt es sich um sp-Hybridisierung, es vermischt sich ein S-Orbital mit einem P-Orbital:

Kapitel 11. Überblick der Organischen Chemie

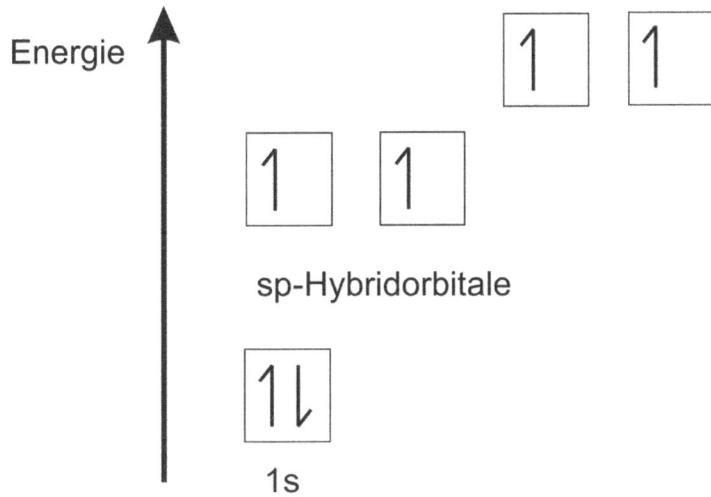

Die entstandenen zwei SP-Orbitale sind hybridisiert worden, also genau wie bei sp^3 und sp^2, gleich in Energie, Länge und Form. Es verbleiben noch 2 nicht-hybridisierte p-Orbitale. Jedes davon ist mit je einem Elektron besetzt. Sie sind energiereicher, deswegen auch höher in der Abbildung.

Jedes C-Atom hat zwei sp-hybridisierte Elektronen. Eines davon bildet die C-C-Bindung. Das zweite die C-H-Bindung. Die nicht-hybridisierten Elektronen bilden noch zwei zusätzliche C-C-Bindungen (insg. vier Elektronen, also zwei Bindungen). Im Endeffekt kommt so die Dreifachbindung zwischen den C-Atomen zustande. Die erste Bindung ist σ, die beiden anderen sind π.

Anmerkung: Die Struktur der erwähnten Kohlenwasserstoffe wird im Kapitel *Kohlenwasserstoffe* ausführlich erläutert. Hier dient sie lediglich der Illustration der unterschiedlichen Hybridisierungen.

In Prüfungen gibt es oft Aufgaben, bei denen ein Molekül dargestellt ist und die Hybridisierung der C-Atome angegeben werden muss. Hierbei sollte man sich Folgendes merken:

- Wenn ein C-Atom lediglich einfache Bindungen hat, ist es sp^3-hybridisiert (Winkel ca. 109°5', tetraedrisch).

- Wenn ein C-Atom eine Doppelbindung hat, ist es sp²-hybridisiert (Winkel 120°, trigonal planar).

- Wenn ein C-Atom eine Dreifachbindung hat, ist es sp-hybridisiert (Winkel 180°, linear).

Vielleicht fällt es euch leichter, wenn ihr euch die klassischen Beispiele (Kapitel *Kohlenwasserstoffe*) Methan (einfache Bindungen → sp³), Ethen (Doppelbindung → sp²) und Ethin (Dreifachbindung → sp) vor Augen führt.

Hier gibt es eine Ausnahme. Wenn ein C-Atom nicht eine sondern zwei Doppelbindungen hat, ist es nicht sp²- sondern sp-hybridisiert. Dann ist das Molekül (oder wenigstens dessen Winkel) linear, 180°, genau wie beim CO_2:

$$O=C=O$$

Aufgabe: Bestimmen Sie die Hybridisierungen aller C-Atome im folgenden Molekül:

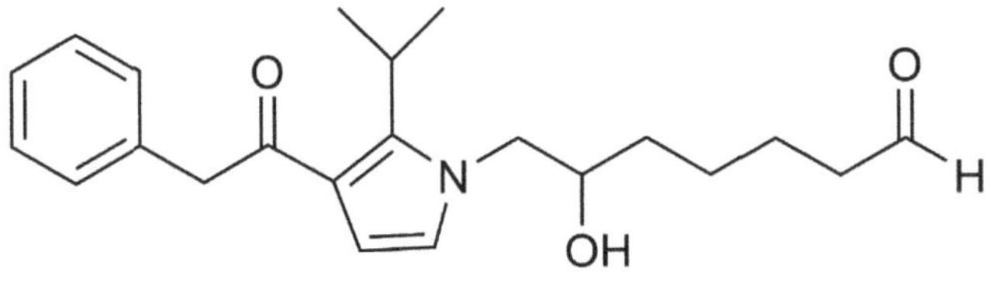

Lösung: Die im Kreis markierten C-Atome sind sp³-hybridisiert. Die C-Atome, die im Viereck markiert sind, sind sp²-hybridisiert:

Kapitel 11. Überblick der Organischen Chemie

Zum Abschluss möchten wir uns noch kurz mit der σ- und π-Bindungen beschäftigen. Man sollte sich merken, dass die erste Bindung zwischen zwei C-Atomen immer σ ist. Besteht zwischen den C-Atomen nun eine Doppelbindung, dann ist die eine Bindung σ, die andere π. Wenn es sich um eine Dreifachbindung handelt, ist die eine davon σ, die zwei anderen π. Als Regel gilt also: Die erste Bindung zwischen zwei C-Atomen ist immer σ, alle weiteren (wenn vorhanden) sind π. Dies sollte keine Tatsache zum Auswendiglernen sein, sondern eine logische Überlegung, die aus der Erläuterung zur sp^2- bzw. sp^3-Hybridisierung folgt (s. o.). Warum ist dies wichtig? Die π-Bindungen bzw. π-Elektronen sind essenziell für die Beschreibung der Aromaten (s. Kapitel *Kohlenwasserstoffe*).

Zugegebenermaßen sind die verschiedenen Hybridisierungen für angehende Mediziner von eher geringerer Relevanz. Deswegen müsste man im Zweifelsfall diesen Stoff nicht unbedingt reibungslos beherrschen. Am Wichtigsten für Prüfungen ist, dass man die Hybridisierung der C-Atome wie oben erläutert bestimmen kann (s. obige Aufgabe). Außerdem muss man sich im Klaren sein, welche Bindungen π und welche σ sind. Sollten die in diesem Kapitel benutzten Bilder nicht anschaulich genug sein, empfiehlt es sich, Animationsvideos dazu im Internet zu recherchieren, da sie erfahrungsgemäß sehr einprägsam sind.

Kapitel 12

Kohlenwasserstoffe

Lernziele

- Nomenklatur und Isomerie der Kohlenwasserstoffe
- Homologe Reihe der Alkane, Alkene, Alkine, Arene
- Wichtigste Trivialnamen der Kohlenwasserstoffe

Alkane

Alkane sind die einfachsten Kohlenwasserstoffe. Sie bestehen — wie alle Kohlenwasserstoffe — lediglich aus Kohlenstoff C und Wasserstoff H. Die C-Atome in den Molekülen der Alkane sind durch einfache (gesättigte) Bindungen miteinander verknüpft. Dabei muss man sich mit den Spezifika des C-Atoms vertraut gemacht haben. Dazu gehört v. a. die Tatsache, dass jedes C-Atom vier Bindungen besitzt (auch als Valenzen bekannt). Dies wurde im einführenden Kapitel zur Organik erklärt.

Homologe Reihe

Demnach enthält das einfachste Alkan ein C-Atom, an dem vier H-Atome sitzen. Es trägt den Namen Methan:

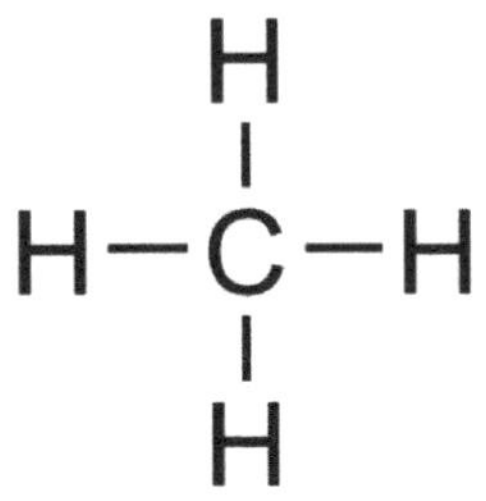

$$\begin{array}{c} H \\ | \\ H-C-H \\ | \\ H \end{array}$$

Der zweite Vertreter der Alkane besteht aus zwei C-Atomen, die mit einer einfachen Bindung miteinander verbunden sind. Die C-C-Bindung wird als eine gemeinsame Bindung angesehen. Sie zählt also sowohl zum einen C-Atom als auch zum zweiten. An jedem C-Atom sitzen jeweils noch drei H-Atome. So kommt man im Endeffekt bei jedem der beiden C-Atome auf insg. 4 Bindungen (drei zu H-Atomen und eine zum anderen C-Atom):

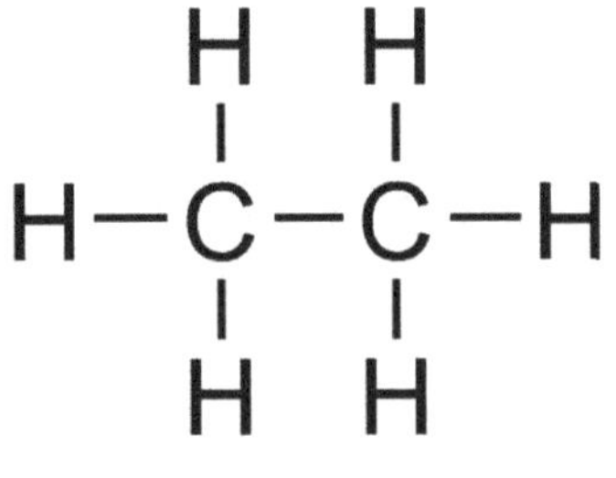

$$\begin{array}{cc} H & H \\ | & | \\ H-C-C-H \\ | & | \\ H & H \end{array}$$

Im Molekül des dritten Vertreters der Alkane — dem Propan — gibt es drei C-Atome, die durch einfache Bindungen miteinander verknüpft sind. Das erste und das letzte C-Atom haben jeweils eine Bindung, jedes davon „vermisst" also noch jeweils drei Bindungen (zu H-Atomen), um auf insg. vier Bindungen zu kommen. Am C-Atom in der Mitte stehen zwei H-Atome, da bereits zwei Bindungen (zu zwei C-Atomen) existieren:

Kapitel 12. Kohlenwasserstoffe

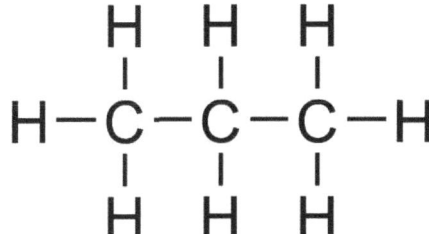

Es gibt außerdem eine gern benutzte (noch mehr) abgekürzte Schreibweise, die sog. Zickzacklinie, deren Einsatz aber erst ab Propan sinnvoll ist. Beim Propan sieht sie so aus:

Wie ist diese Schreibweise zu verstehen? Am Anfang bzw. Ende einer jeden Linie steht ein C-Atom. Was auf diese Weise nicht dargestellt wird, ist die Anzahl der H-Atome an jedem C-Atom. Sie kann man sich aber herleiten, indem man sich wie oben überlegt, wie viele Bindungen die jeweiligen C-Atome schon haben und wie viele Bindungen noch fehlen, um insg. vierbindige C-Atome zu erhalten.

Somit wäre die Formel oben so zu interpretieren:

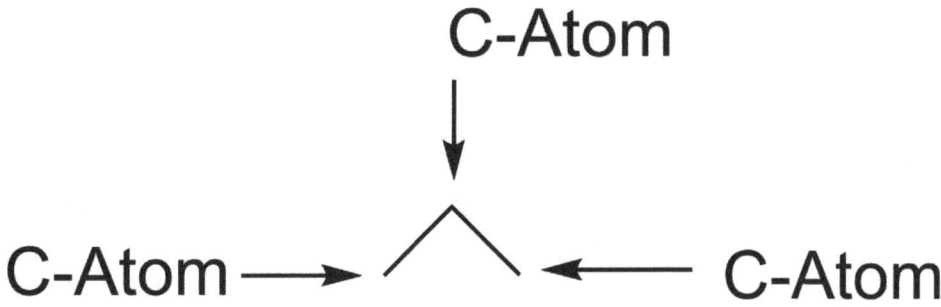

Es werden also die C-Atome dargestellt sowie die Bindungen (Einfach-, Doppel- bzw. Dreifachbindungen), mit denen diese Atome miteinander verbunden sind. Bei uns gibt es offenbar lediglich einfache Bindungen, da eine Doppelbindung mit zwei Linien übereinander bzw. eine Dreifachbindung mit drei Linien übereinander dargestellt werden würde. Dann kann man sich natürlich auch die Anzahl der H-Atome (wie oben erklärt) an jedem C-Atom herleiten.

An dieser Stelle sei auf eine wichtige Besonderheit hingewiesen, die gerade am Anfang etwas verwirrend wirkt. Als Beispiel soll dieses Molekül dienen:

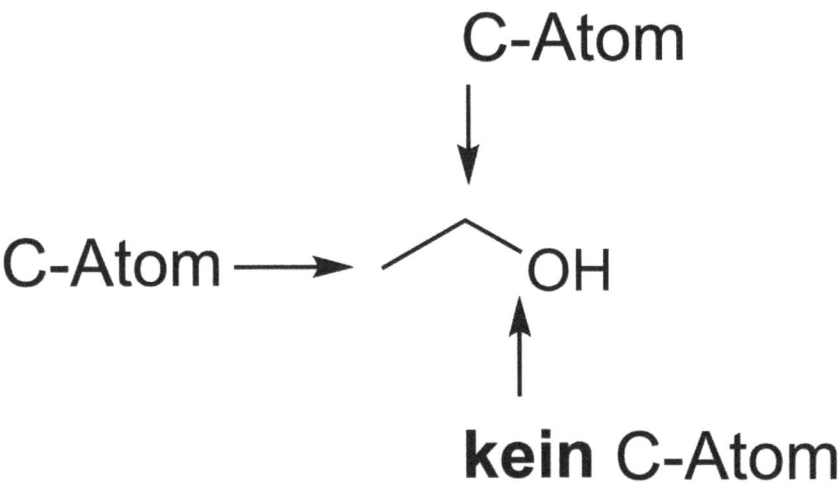

Das Molekül besteht aus zwei (nicht drei) C-Atomen! Das heißt, dass das Ende bzw. der Anfang einer Linie nur dann als C-Atom aufgefasst werden darf, wenn dort kein anderes Atom (z. B. O, S, N) steht, wie in unserem Fall z. B. ein O-Atom von der OH-Gruppe.

Das vierte Alkan ist Butan:

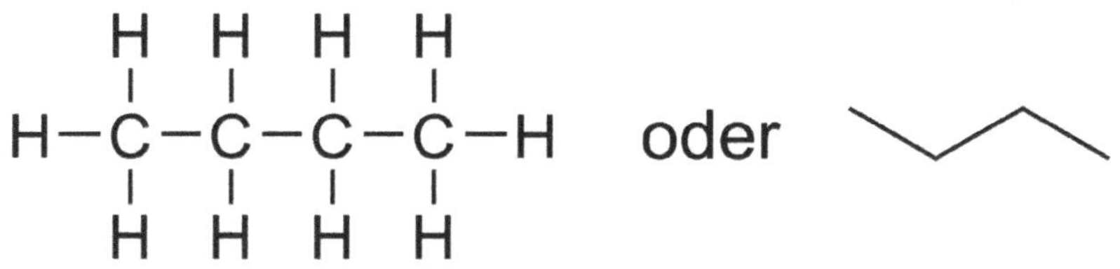

```
    H   H   H   H
    |   |   |   |
H — C — C — C — C — H    oder   /\/
    |   |   |   |
    H   H   H   H
```

Ab dem 5. Alkan-Vertreter bildet man den systematischen Namen der Alkane, indem man die Vorsilben der griechischen Zahlwörter entsprechend der Anzahl der C-Atome benutzt: Pentan (5 C's), Hexan (6 C's), Heptan (7 C's), Oktan (8 C's), Nonan (9 C's) und Dekan (10 C's). Grundsätzlich muss man die Namen der ersten zehn Alkane kennen. Gelegentlich wird noch nach dem 11. (Undecan) und 12. (Dodecan) Alkan gefragt. Das Alkan mit 20 C-Atomen heißt Eicosan: eine Tatsache, die man sich spätestens für die Biochemie merken sollte. Hier werden aus Platzgründen nicht die Formeln all dieser Alkane dargestellt. Man kann sich diese aber zur Übung aufschreiben, indem man die Zickzack-Formel des Butans (s. o.) einfach so lange verlängert, bis die gewünschte Anzahl an C-Atomen erreicht worden ist.

Die allgemeine Summenformel der Alkane lautet demnach C_nH_{2n+2}. Die lässt sich herleiten, indem man z. B. an das Methan CH_4 denkt.

Radikal-Bildung

Wenn an einem C-Atom ein H-Atom abgespalten wird, entsteht ein sog. Radikal, denn das C-Atom trägt nun ein ungepaartes Elektron:

$$\underset{\substack{\text{Metan} \\ \text{Alkan}}}{\text{H}-\overset{\overset{\text{H}}{|}}{\underset{\underset{\text{H}}{|}}{\text{C}}}-\text{H}} \xrightarrow{-\text{H}^\bullet} \underset{\substack{\text{Methyl(-Radikal)} \\ \text{Alkyl(-Radikal)}}}{\text{H}-\overset{\overset{\text{H}}{|}}{\underset{\underset{\text{H}}{|}}{\text{C}}}{}^\bullet}$$

Bei der Abspaltung des H-Atoms entfällt eine C-H-Bindung. Eine solche kovalente Bindung besteht aus zwei Elektronen. Das eine Elektron bleibt beim H-Atom, das andere beim C-Atom. Es handelt sich nicht mehr um das Alkan, sondern um das Alkyl(-Radikal). Häufig benutzte Abkürzungen hierfür sind: Me für Methyl ($H_3C^\bullet$), Et für Ethyl ($H_3C\text{-}C^\bullet H_2$), Pr für Propyl ($CH_3\text{-}CH_2\text{-}C^\bullet H_2$), iPr für iso-Propyl ($CH_3\text{-}C^\bullet H\text{-}CH_3$).

Welche Bedeutung haben Radikale? Sie sind, man kennt das aus der Fernseh-Werbung, sehr reaktionsfreudig und gehen deswegen gerne Bindungen mit unterschiedlichen funktionellen Gruppen ein. Je nachdem, welche funktionelle Gruppe (z. B. OH, CHO, COOH etc.) an das jeweilige Radikal (z. B. Methyl) gebunden hat, entstehen Verbindungen unterschiedlicher Stoffklassen: CH_3OH, CH_3CHO, CH_3COOH etc. Dies zeigt einerseits die Vielfalt der organischen Chemie, aber auch der Wichtigkeit, sich Kenntnisse über die wichtigsten funktionellen Gruppen anzueignen (s. Tabelle ??).

Hierbei gibt es ein paar Fallstricke: Es ist darauf zu achten, dass die in Biochemie- und Biologielehrbüchern häufig als Keto-Gruppe bezeichnete Funktion eigentlich Oxo-Funktion heißt. Genauso wie die „Aldehyd-Gruppe" eigentlich die Formyl-Gruppe ist. Häufig wird auch COOH als Carboxyl-Gruppe

Kapitel 12. Kohlenwasserstoffe

Funktionelle Gruppe	Präfix	Suffix	Beispiel
C−C-Einfache Bindung (Alkane)	-	-an	CH_4 Methan (Meth + an)
C=C-Doppelbindung (Alkene)	-	-en	$H_2C=C_2$ Ethen (Eth + en)
C≡C-Dreifachbindung (Alkine)	-	-in	HC≡CH Ethin (Eth + in)
R−OH (Alkohol/Phenol)	Hydroxy-	-ol	H_3C-OH Hydroxymethan oder Methanol
R−CHO (Aldehyd)	Formyl-	-al	H_3C-CHO Formylethan oder Ethanal
R−CO−R (Keton)	Oxo-	-on	H_3CCOCH_3 Oxopropan oder Propanon
R−COOH (Carbonsäure)	Carboxy-	-säure	$H_3C-COOH$ Carboxyethan bzw. Ethansure

bezeichnet — dieser Name ist veraltet. Heutzutage sagt man einfach „Carboxy", ohne l am Ende. Diese „Besonderheiten" mögen auf den ersten Blick als eher kleinlich erscheinen (und vielleicht sind sie es auch...), aber es lohnt sich, auf diese Details in Klausuren und Prüfungen zu achten.

Wie soll man mit dieser Tabelle umgehen? Auswendig lernen bringt zu diesem Zeitpunkt wenig. Man sollte sich eine generelle Übersicht über diese funktionellen Gruppen verschaffen. Die Kenntnisse werden in den jeweiligen Kapiteln zu Alkoholen, Carbonsäuren etc. vertieft.

Bei Alkanen gibt es die Möglichkeit der Konstitutionsisomerie. Isomere nennt man Verbindungen mit der gleichen Summenformel und folglich Molekülmasse, die aber unterschiedliche Strukturen aufweisen. Bei der Konstitutionsisomerie bezieht sich dies auf die Verknüpfung der C-Atome, bei der Stereoisomerie (s. Kapitel *Stereoisomerie*) auf die räumliche Anordnung.

Die ersten drei Vertreter der homologen Reihe der Alkane besitzen keine Isomere, weil es bei jedem von ihnen keine andere Möglichkeit gibt, die C-Atome zu verknüpfen. Das Butan besitzt aber zwei Konstitutionsisomere. Das eine Isomer ist das „normale", n-Butan (n steht „normal", also für offenkettig, d. h. unverzweigt):

Um das zweite Isomer zu erhalten, muss man als erstes die C-Kette um ein C-Atom verkürzen:

So erhält man vorerst eine Dreier-Kette. Jetzt muss man sich überlegen, an welches C-Atom das entfernte C-Atom positioniert werden kann. Hier gibt es offenbar drei Möglichkeiten, da drei C-Atome vorhanden sind. An den beiden terminalen (*terminus* = Ende) C-Atomen ist dies nicht möglich, denn damit würde man einfach das n-Butan erhalten, also eine Vierer-Kette. Wir suchen im Endeffekt eine neue Struktur, nicht eine gleiche. Sitzt aber das eine C-Atom in der Mitte, d. h. am 2. C-Atom, erhält man eine neue, zum n-Butan unterschiedliche Struktur, die jedoch die gleiche Summenformel besitzt, was auch die Definition der Konstitution erfüllt:

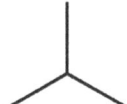

Nun gilt es, dieses Alkan zu benennen:

1. Zuerst muss man die längste Kette identifizieren. Sie besteht aus 3 C-Atomen ⟶ Prop-;

2. Wie sind die C-Atome miteinander verbunden? Ob es sich um Propan, Propen oder Propin handelt, wird davon abhängig gemacht, wie die C-Atome miteinander verbunden sind: Gibt es (mindestens) eine Doppel- (Alken, Propen) oder Dreifachbindung (Alkin, Propin)? Im Molekül sind alle C-Atome durch einfache Bindungen miteinander verknüpft, es handelt sich also um ein Alkan, das Propan.

3. Gibt es funktionelle Gruppen, die an einem (oder mehreren) C-Atom(en) der längsten Kette sitzen? Ja, eine Methyl-Funktion am 2. C-Atom. Deswegen: 2-Methylpropan.

Um welches Alkan handelt es sich hier?

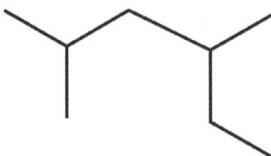

1. Die längste Kette identifizieren. Man könnte meinen, dass die längste Kette aus 5 C-Atomen besteht, also dass sie diejenige ist, die horizontal verläuft. Dies ist sie aber nicht, sondern folgende, aus 6 C-Atomen bestehende Kette:

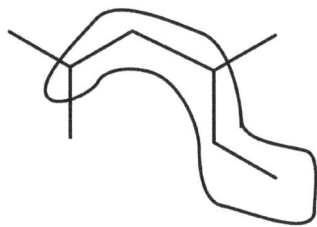

6 C-Atome heißt „Hex-".

2. Wie sind die C-Atome miteinander verbunden? Einfache C-C- Bindungen, deswegen -an (wegen Alkan), also Hexan.

3. Gibt es noch Gruppen, die an einem (oder mehreren) C-Atom(en) der längsten Kette sitzen? Ja, zwei Methyl-Gruppen. Aber an welchen Positionen sitzen sie? Dafür muss man die längste Kette durchnummerieren. Die Frage ist, fängt man von links oder von rechts an?

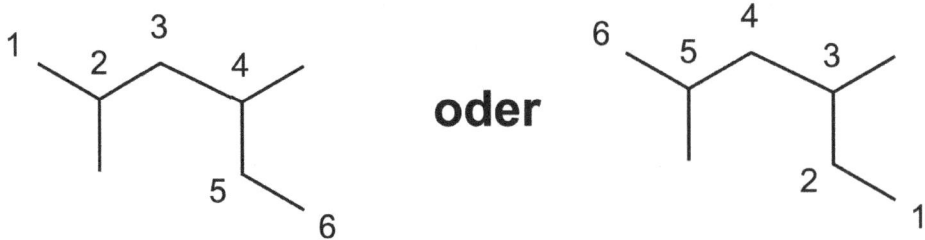

Man muss die längste Kette so durchnummerieren, dass die Substituenten die kleinstmöglichen Zahlen bekommen. Bei unserem Beispiel müssen wir deshalb links anfangen, da so die beiden Methyl-Gruppen an zweiter und vierter Position sitzen. Würde man rechts beginnen, wären die Methyl-Gruppen an dritter und fünfter Position. Es muss also darauf geachtet werden, dass die Substituenten die kleinstmöglichen Positionen bekommen!

Demnach haben wir das 2,4-Dimethylhexan. Es ist an dieser Stelle wichtig, kenntlich zu machen, dass zwei Methylgruppen vorhanden sind, deswegen 2,4-**Di**methylmethan.

Chemische Eigenschaften der Alkane

Alkane sind sehr reaktionsträge Verbindungen. In Bezug auf ihre Struktur sollte man sich merken, dass alle C-Atome sp^3-hybridisiert sind. Alkane sind „gesättigte" Kohlenwasserstoffe, da sie maximal viel Wasserstoffatome enthalten. Bei den ungesättigten Kohlenwasserstoffen, den Alkenen und Alkinen, ist dies anders, weil an der Stelle der Doppel- bzw. Dreifachbindung Wasserstoffatome an den C-Atomen fehlen.

Aus heutiger Sicht ist lediglich die Verbrennung (vollständige Oxidation) wirklich klausurrelevant. Dabei muss man sich merken, dass immer CO_2 und H_2O entstehen, z. B. beim Methan:

$CH_4 + 2\,O_2 \rightarrow CO_2 + 2\,H_2O$

Da die Produkte immer identisch sind (CO_2 und H_2O), muss man nur auf das Ausgleichen (die Koeffizienten vor O_2, CO_2 und H_2O) achten.

Alkene

Alkene sind Kohlenwasserstoffe, die mindestens eine C=C-Doppelbindung enthalten. Die C-Atome der Doppelbindung sind sp^2-hybridisiert. Die allgemeine Summenformel der Alkene lautet C_nH_{2n}.

Da im Molekül wenigstens eine C=C-Bindung vorhanden sein muss, hat der erste Alkenvertreter zwei C-Atome, Ethen (in der Praxis auch Ethylen genannt): H₂C=CH₂.

Der zweite Vertreter ist das Propen:

Ab dem 3. Alkenvertreter, dem Buten, beobachtet man Konstitutionsisomerie. Dieser Kohlenwasserstoff enthält vier C-Atome, die Position der Doppelbindung kann aber unterschiedlich sein, deswegen 1-Buten (But-1-en) und 2-Buten (But-2-en):

Hier besteht auch die Möglichkeit (wie beim But**an**), die C-Kette um ein C-Atom zu verkürzen und den Methyl-Rest ans C-Atom in die Mitte zu positionieren. Somit ergibt sich das 2-Methylpropen:

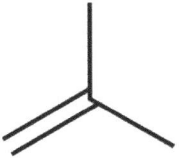

Eigentlich ist es bei diesem Isomer nicht unbedingt nötig, die Position der Methylfunktion mit der Zahl 2 kenntlich zu machen, denn es gibt nur eine einzige Stelle, an der sie sitzen kann — am 2. C-Atom.

Ungesättigte Kohlenwasserstoffe: Alkene und Alkine

Alkene (und Alkine) sind ungesättigte Kohlenwasserstoffe. Dies bedeutet, dass im Molekül nicht alle C-C-Bindungen maximal mit H-Atomen gesättigt sind, da an der Position der Doppel- bzw. Dreifachbindung Wasserstoff-Atome gewissermaßen fehlen.

Alkene sind Nukleophile. Dies liegt daran, dass die beiden C-Atome der Doppelbindung jeweils ein H-Atom (Proton, positiv geladen) gewissermaßen verloren haben. Da die beiden H-Atome also „weg" sind, verbinden sich die beiden einzelnen Elektronen zu einer neuen Bindung, der Doppelbindung. An dieser Position gibt es eine Ansammlung von Elektronendichte. Da Elektronen negativ geladen sind, hat die Doppelbindung nukleophile Eigenschaften. (Nukleophil = kernliebend, „liebt" also positive Ladungen, da der Atomkern positiv geladen ist. Elektrophil = elektronenliebend, „liebt" also negative Ladungen, da Elektronen negativ geladen sind.) Dies ist von besonderer Bedeutung bei der Addition von Wasser zu Alkenen, wobei Alkohole entstehen. Diesen Mechanismus sollte man bei Alkenen als einzigen kennen.

Addition von Wasser zu Alkenen

Nehmen wir das Ethen. Wird Wasser addiert, entsteht ein Alkohol. Wir haben schon begründet, warum das Alken nukleophil ist. Wasser an seiner Stelle hat ebenfalls nukleophile Eigenschaften aufgrund der größeren Elektronegativität des Sauerstoff-Atoms und seiner beiden lone pairs:

$$H-\overset{\overset{\displaystyle -}{O}}{\underset{-}{}}-H$$

Ein Nukleophil reagiert immer mit einem Elektrophil bzw. der Nukleophil („liebt" positive Ladungen) greift das Elektrophil (hat positive Ladung) an. Dies scheint hier problematisch zu sein, da beide Reaktionspartner nukleophil sind. Um dieses Problem zu lösen, muss das jeweilige Alken erst einmal positiver, d. h. elektrophiler, gemacht werden. Dies geschieht durch Addition von

H^+ (von einer starken Säure). In der Praxis benutzt man z.B. HCl, H_3PO_4, H_2SO_4.

$$\underset{H}{\overset{H}{>}}C=C\underset{H}{\overset{H}{<}} \quad \underset{-H^+}{\overset{+H^+}{\rightleftharpoons}} \quad \underset{H}{\overset{H}{>}}\overset{\oplus}{C}-C\underset{H}{\overset{H}{\leq}}H \quad \underset{-H_2O}{\overset{+H_2\bar{O}|}{\rightleftharpoons}} \quad \underset{H}{\overset{H}{>}}\overset{\overset{\oplus}{|OH_2}}{\underset{|}{C}}-C\underset{H}{\overset{H}{\leq}}H$$

$$+H^+ \updownarrow -H^+$$

$$\underset{H}{\overset{H}{>}}\overset{\overset{|\bar{O}H}{|}}{\underset{|}{C}}-C\underset{H}{\overset{H}{\leq}}H$$

Die Doppelbindung (nukleophil) greift das Wasserstoff-Kation (elektrophil) an. Dabei wird sie aufgeklappt. Das bedeutet, dass die eine Bindung der Doppelbindung dazu benutzt wird, das Wasserstoff-Atom zu binden. Bei dem Beispiel ist es völlig gleich, zu welchem der beiden C's der Doppelbindung das H-Atom addiert wird, da das Alken symmetrisch ist. (Zu asymetirschen Alkenen s. u.)

Dabei muss man beachten, dass das C-Atom der ehemaligen Doppelbindung, welches das H-Atom **nicht** gebunden hat, jetzt lediglich drei Bindungen bzw. drei Elektronen hat, und nicht vier wie es eigentlich sein sollte. Da ihm eine Bindung und ein Elektron fehlt, ist es einfach positiv geladen. Ein wichtiger Punkt dabei ist der Name des gebildeten Kations. Man nennt es Carbokation oder Carbeniumion. Beides steht dafür, dass an einem C-Atom eine positive Ladung steht, denn Carbo = Kohlenstoff, Kation = positiv geladenes Ion.

Im zweiten Schritt erfolgt die nukleophile Attacke des Wassers. Eines der beiden lone pairs des Sauerstoff-Atoms im Molekül greift dabei an. Der Angriff erfolgt auf die positive Ladung am C-Atom, da es elektrophil ist. Der Pfeil macht kenntlich, dass das eine lone pair benutzt wird, um eine neue Bindung zwischen dem Sauerstoff-Atom des Wassers und dem positiv geladenen C-Atom auszubilden. An dieser Stelle muss man betonen, dass wirklich das ganze H_2O-Molekül angehängt wird. Da nun das O-Atom drei Bindungen hat, also eine Bindung mehr als im Normalfall, erhält es die positive Ladung, die zuvor am C-Atom saß. Das C-Atom ist nicht mehr positiv geladen, da es nun vier Bindungen aufweist.

Im letzten Schritt wird wie bei jeder katalysierten Reaktion der Katalysator abgespalten, also -H^+. Der gebildete Alkohol ist das Ethanol. (Zur Nomenklatur der Alkohole s. Kapitel *Alkohole*.)

Wenn das Ausgangsalken asymmetrisch ist, muss man bei der 1. Etappe aufpassen. In diesem Fall ist es nicht mehr egal, zu welchem der beiden C-Atome der Doppelbindung der Katalysator addiert wird. Nehmen wir als Beispiel das Propen. Da sollte man sich Folgendes merken:

Das H-Atom (von H^+) wird zum C-Atom der Doppelbindung addiert, welches mehr H-Atome besitzt. Beim Propen handelt es sich um das 1. C-Atom, da es 2 H-Atome hat, wobei am 2. C-Atom nur ein einziges H-Atom sitzt. Ab dann verläuft der Mechanismus gleich, wie beim Ethen beschrieben. Unterschiedlich ist lediglich die erste Etappe:

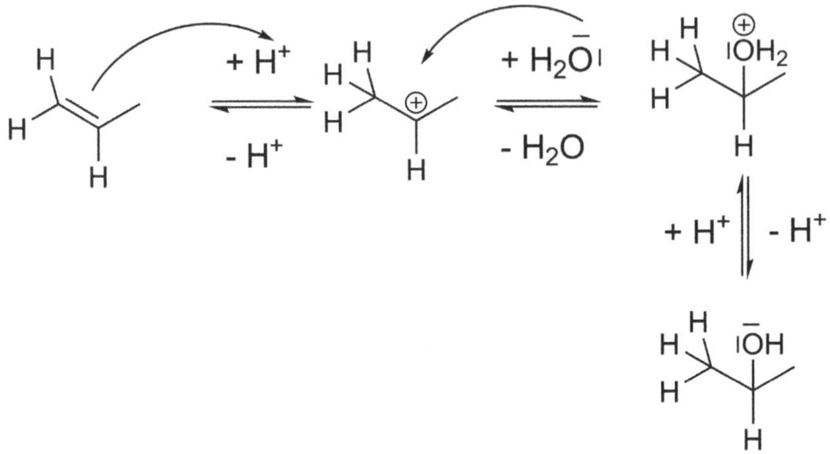

Zwecks besserer Übersichtlichkeit wurden lediglich die H-Atome der C-Atome der Doppelbindung dargestellt. H-Atome müssen prinzipiell nicht explizit gezeichnet werden.

Man beachte, dass alle Reaktionen beim oben beschriebenen Mechanismus Gleichgewichte und damit umkehrbar sind. Also kann man von einem Alken ausgehen und, wie oben erklärt, einen Alkohol erhalten. Es ist aber genauso möglich, aus einem Alkohol durch Eliminierung von Wasser ein Alken zu bekommen, z. B. aus Ethanol Ethen. Das wäre die Rückreaktion des oben beschriebenen Mechanismus.

An dieser Stelle ist zu erwähnen, dass man am Anfang gerne dazu neigt, beide Möglichkeiten (Alken $\longrightarrow$ Alkohol und Alkohol $\longrightarrow$ Alken) getrennt und unabhängig voneinander zu lernen. Dies ist grundsätzlich keineswegs falsch, allerdings unnötig. Vielmehr empfiehlt es sich, den Mechanismus Alken $\longrightarrow$ Alkohol zu lernen. Wird man in einer Klausur aufgefordert, von einem Alkohol ein Alken zu erhalten, kann man sich die Schritte logisch herleiten, indem man sich den Mechanismus Alken $\longrightarrow$ Alkohol notiert und anschließend einfach an die Rückreaktionen denkt.

Alkine

Alkine enthalten mindestens eine Dreifachbindung im Molekül. Die C-Atome der Dreifachbindung sind sp-hybridisiert. Die allgemeine Summenformel der Alkine lautet C_nH_{2n-2}.

Die homologe Reihe der Alkine, genau wie die der Alkene, beginnt mit einem Molekül, das zwei C-Atome hat: HC≡CH (Ethin, bekannt unter Acetylen).

Wichtig an dieser Stelle ist, die Hybridisierung der C-Atome der Dreifachbindung zu betonen: sp. Da diese beiden Atome dann in einem Winkel von 180° zueinander stehen, ist die Bindung dazwischen linear, nicht gewinkelt.

Aromaten, Arene

Wir haben eben die gesättigten (Alkane) und ungesättigten (Alkene und Alkine) Kohlenwasserstoffe kennengelernt. Die aromatischen Kohlenwasserstoffe (Arene) haben eine besondere Struktur, den Benzen-Ring:

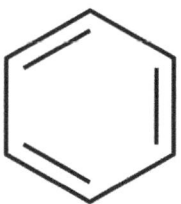

Das Benzen (auch als Benzol bekannt, der nach IUPAC korrekte Name lautet jedoch Benzen) ist der erste und einfachste Vertreter dieser Stoffklasse. Seine Struktur kann durch unterschiedliche (Mesomerie-)Formeln dargestellt werden:

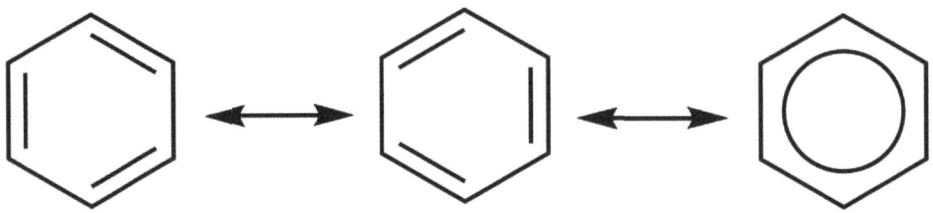

Es wird ersichtlich, dass das Benzol aus einem Zyklus aus sechs C-Atomen besteht. Man kann sich herleiten, dass an jedem C-Atom ein H-Atom sitzt, indem man die bei den Alkanen erklärten Regeln beachtet. Im Zyklus gibt es außerdem drei Doppelbindungen, die eine gewisse Reihenfolge im Molekül haben: Doppelbindung — einfache Bindung — Doppelbindung — einfache Bindung etc. Diese Besonderheit nennt man konjugierte Doppelbindungen. Daraus ergibt sich, dass jedes der sechs C-Atome sp^2-hybridisiert ist (zur Hybridisierung s. Kapitel *Überblick Organische Chemie*). Die drei Doppelbindungen sind delokalisiert, denn sie haben keinen festen Aufenthaltsort, daher die drei mesomeren Strukturen oben. Mesomere Strukturen zeigen unterschiedliche Verteilungsmöglichkeiten der in der jeweiligen Struktur vorhandenen Ladungen bzw. Elektronen an.

Gerade am Beispiel des Benzens kann man sich sehr schön die wichtigsten Voraussetzungen für Aromatizität bei Kohlenwasserstoffen vor Augen führen:

1. mindestens ein Zyklus (sehr oft, aber nicht immer ein Benzen-Ring)

   Im Zyklus:

2. ausschließlich sp^2-hybridisierte C-Atome

3. durchkonjugiert, d. h. Abfolge Doppelbindung — einfache Bindung

4. die Anzahl der π-Elektronen ergibt sich nach der Hückel-Regel: $4n + 2$ (s. u.)

5. planarer Aufbau

Kapitel 12. Kohlenwasserstoffe

Wir möchten nun jede dieser Voraussetzung erläutern. Dass ein Molekül zyklisch ist, sieht man: Es liegt keine offenkettige Verbindung vor, sondern ein Zyklus. Zur sp^2-Hybridisierung kann man sich das Kapitel *Überblick Organische Chemie* nochmals ansehen, da wird diese ausführlich erklärt. Dass der Zyklus durchkonjugiert sein muss, haben wir oben erwähnt und erläutert. Die Hückel-Regel gibt die Anzahl der π-Elektronen im Zyklus nach der Formel: 4n + 2 an. n steht für eine natürliche Zahl, d. h. n = 0, 1, 2, ... Bei n = 0 hat man 4 x 0 + 2 = 2 π-Elektronen, bei n = 1 ergeben sich 4 x 1 + 2 = 6 π-Elektronen etc. Was ist denn überhaupt mit diesen ganzen Zahlen (2, 6 etc.) anzufangen? Muss man sich bei einer Aufgabe entscheiden, ob eine Verbindung aromatisch ist oder nicht, führt man sich die o. g. Voraussetzungen vor Augen. Zugleich sind die π-Elektronen zu zählen und zu überprüfen, ob sich eine nach der Hückel-Regel mögliche Zahl ergibt. Dazu ein Beispiel:

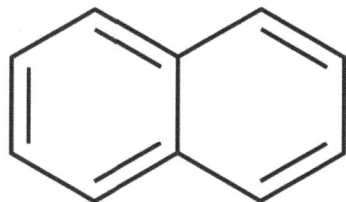

Ist das Naphtalin aromatisch oder nicht aromatisch?

Ja, da alle Voraussetzungen erfüllt sind:

- Es gibt zwei Zyklen (prinzipiell ist mindestens einer erforderlich).

- Alle C-Atome in den Zyklen sind sp^2-hybridisiert.

- Die Zyklen sind durchkonjugiert (nach dem Muster Doppelbindung einfache Bindung).

- Nun muss man auch die Anzahl der π-Elektronen in den Zyklen ermitteln. Im einführenden organischen Kapitel wurde auf die π-Elektronen eingegangen. Zur Erinnerung: Bei einer einfachen Bindung zwischen zwei C-Atomen gibt es keine π-Elektronen (sondern nur σ-Elektronen). Bei einer Doppelbindung zwischen zwei C-Atomen besteht die zweite Bindung aus π-Elektronen, d. h. 2 π-Elektronen, da eine Bindung aus zwei Elektronen besteht (s. Kapitel *Chemische Bindung*). In diesem Molekül haben wir insg. 5 Doppelbindungen. Jede davon hat 2 π-Elektronen, das ergibt insg. 10 π-Elektronen. Kann sich diese Zahl nach der Hückel-Regel ergeben? Ja, bei n = 2 haben wir: 4 x 2 + 2 = 10. Also ist diese Voraussetzung auch erfüllt!

- Die beiden Zyklen sind offenbar planar, ihre Doppelbindungen liegen auf einer Ebene.

Nun zu der Nomenklatur der Arene. Man kann prinzipiell jedes der sechs H-Atome im Benzen-Ring durch eine andere funktionelle Gruppe ersetzen. Somit entstehen (in Abhängigkeit des neuen Restes) verschiedene Säuren, Aldehyde, Ketone etc. Sie werden in den jeweiligen weiteren Kapiteln vorgestellt. Hier wollen wir uns nur noch kurz ein paar weiteren Arenen widmen, die man kennen sollte:

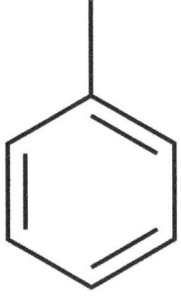

Toluen (Toluol)

Der Nomenklaturname nach IUPAC des Toluens lautet Methylbenzol, da ein H-Atom des Benzols durch eine Methyl-Gruppe ersetzt worden ist.

Das Styrol ist ein anderes Aren, das man kennen sollte, da es eine ungesättigte (da Doppelbindung) Kette besitzt:

Kapitel 12. Kohlenwasserstoffe

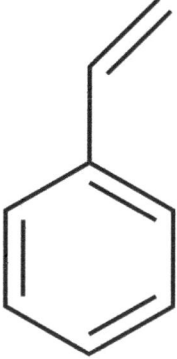

Styren (Styrol)

Sein Nomenklaturname lautet Phenylethen, da im Ethen-Molekül ein H-Atom durch einen Phenyl-Rest ersetzt worden ist.

Diese Besonderheit wird in den weiteren Kapiteln ebenfalls erwähnt, hier zunächst vorab: Das Benzen-Radikal (d. h. Benzen mit einem abgespaltenen H-Atom, s. Alkane) nennt man nicht, wie man vielleicht vermuten könnte, Benzyl. Es heißt nämlich Phenyl! Das Benzyl-Radikal ist das Radikal des Toluens, wobei das H-Atom von der Me-Gruppe abgespalten worden ist.

Prinzipiell sollte man sich mit den Vertretern der Aromaten auskennen, die wir behandelt haben, und in der Lage sein, bei einer (einfacheren) Verbindung vorherzusagen, ob sie aromatisch ist oder nicht und entsprechend argumentieren können. Man sollte sich außerdem merken, dass die Hückel-Regel lediglich ein Konzept ist. Diese Regel versagt bei etwas komplexer aufgebauten Aromaten.

Als Aromaten werden übrigens nicht nur die aromatischen Kohlenwasserstoffe (Arene) bezeichnet, sondern allgemein Strukturen, die nicht nur die Elemente C und H enthalten, jedoch trotzdem aufgrund ihrer Struktur aromatische Eigenschaften besitzen.

Schauen wir uns nunmehr ein Aren an, bei dem eins der sechs H-Atome durch einen Rest (egal ob C-Kette oder funktionelle Gruppe wie OH etc.) substituiert ist. Man unterscheidet drei Positionen, die man sich merken muss:

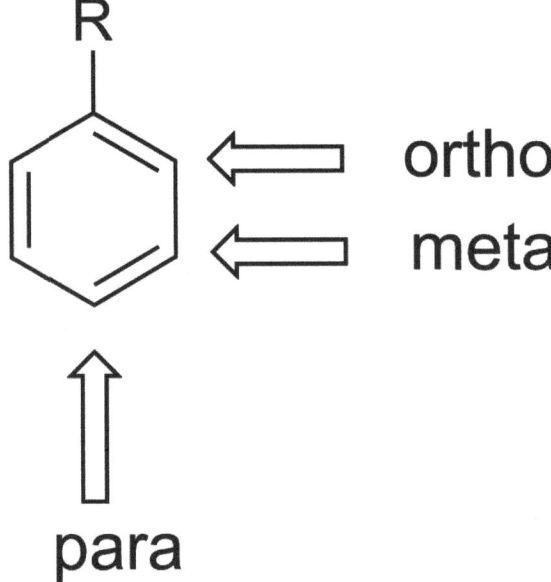

Folgende Verbindung hieße demnach ortho-Fluorethylbenzol bzw. 2-Fluorethylbenzol:

Aromatische Verbindungen sind aufgrund ihrer Struktur (delokalisierte π-

Bindungen im Zyklus) äußerst stabil. Aus diesem Grund sind für sie keine Additionsreaktionen typisch (aber unter extremen Bedingungen wie hoher Temperatur, Druck und Katalysatoren trotzdem möglich), sondern Substitutionen. Die einzige bedeutsame Reaktion für die Arene ist die elektrophile aromatische Substitution ($S_E Ar$). Woher stammt die Bezeichnung? Aromatische Substitution deshalb, weil im Aromaten-Ring Wasserstoff-Atome gegen andere Gruppen ausgetauscht (substituiert) werden. Elektrophil, da die H-Atome gegen Elektrophile ausgetauscht werden. Dieser Mechanismus wird in diesem Lehrbuch nicht behandelt. Er wird zwar an manchen Universitäten in der Mediziner-Vorlesung erklärt, generell in Prüfungen aber selten abgefragt.

Arene haben weitere chemische Eigenschaften, auf zwei davon möchten wir noch kurz eingehen:

Reduktion

Arene werden mit H_2 zum jeweiligen Cycloalkan reduziert. Das heißt, dass die Doppelbindungen mit H-Atomen gesättigt werden. Nötig sind hohe Temperaturen und Drücke sowie Katalysatoren wie z. B. Ni, Pt, Pd. Hier ein Beispiel (Toluen):

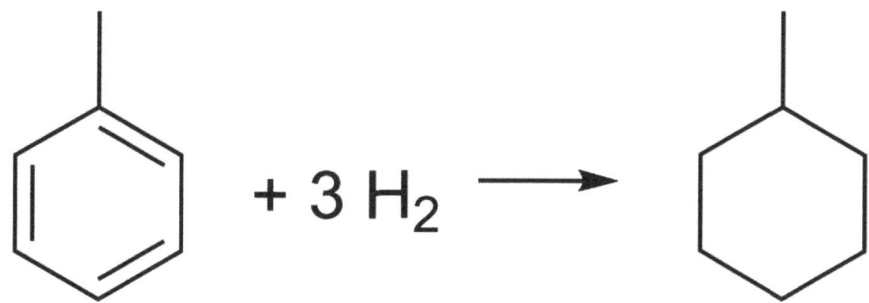

Im Endeffekt kann man sich merken, dass bei der Reduktion von Arenen die Doppelbindungen „verschwinden", da diese durch H-Atome gesättigt werden.

Oxidation

Die Oxidation der verschiedenen Arene ist unterschiedlich. Beim Benzen entstehen z. B. im menschlichen Körper Epoxide (s. Kapitel *Amine*), die krebserregend sind. Das Toluen wird zur Benzoesäure oxidiert. Diese Reaktion muss man sich einprägen:

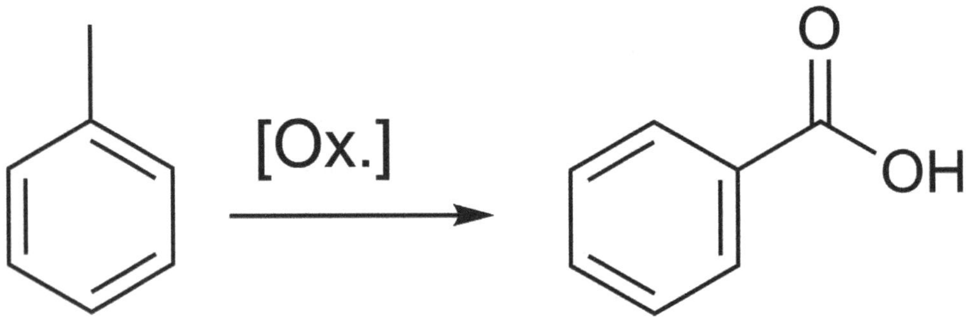

Kapitel 13

Alkohole

Lernziele

- Nomenklatur und Isomerie der Alkohole und Phenole

- Wertigkeit der Alkohole und primäre, sekundäre, tertiäre Alkohole

- Oxidation von Alkoholen

- Ether

- Phenole

- Thiole

Alkohole können als Derivate (Abkömmlinge) des Wassers aufgefasst werden, bei denen eines der beiden H-Atome durch eine Alkyl-Kette substituiert ist. Oder als Kohlenwasserstoffe, in deren Molekül ein H-Atom durch eine OH-Funktion substituiert worden ist:

$$H\text{-}O\text{-}H \qquad R\text{-}O\text{-}H$$

(Natürlich können in Alken- und Alkin-Molekülen und nicht nur in Alkan-Molekülen H-Atome durch OH-Gruppen ersetzt werden. Am Anfang möchten wir uns nur mit den gesättigten Alkoholen beschäftigen, also denjenigen, in deren C-Ketten lediglich einfache C-C-Bindungen vorkommen. Sie sind Abkömmlinge der Alkane, deswegen nennt man Alkohole auch Alkanole.

Alkohole sind im Vergleich zu Kohlenwasserstoffen polare Substanzen, was an der Elektronegativität des Sauerstoff-Atoms in der OH-Gruppe liegt und außerdem ihre Hydrophilie bedingt. D. h., Alkohole vermischen sich gut mit Wasser (selbst polar) und sind darin löslich, da sich „Gleiches in Gleichem löst". Man sollte an dieser Stelle daran denken, dass mit steigender Länge der C-Kette diese Eigenschaft abnimmt, da dann die lipophilen/hydrophoben Eigenschaften der C-Kette überwiegen.

Der erste Vertreter in der homologen Reihe der (gesättigten) Alkohole ist das Methanol:

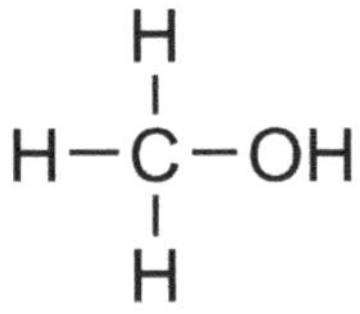

$$\begin{array}{c} H \\ | \\ H-C-OH \\ | \\ H \end{array}$$

Wie der Name schon sagt („Methan" und „ol"), handelt es sich hierbei um ein Derivat des Methans. Eins der vier H-Atome wurde durch eine OH-Gruppe substituiert. Im Molekül des Methanols ist eine CH_3-Funktion, also eine Methyl-Gruppe, enthalten. Demnach könnte man diese Verbindung ebenfalls als Methylalkohol bezeichnen.

Der zweite Vertreter ist das Ethanol/Ethylalkohol. Die Namensgebung ist analog zu der des Methanols:

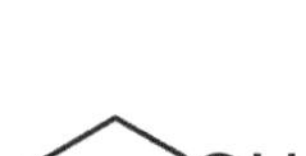

Ab dem Propanol beobachtet man Konstitutionsisomerie. In seinem Molekül kann die OH-Funktion entweder am 1. C-Atom oder am 2. C-Atom sitzen. Ihre genaue Position muss kenntlich gemacht werden, also: 1-Propanol (Propan-1-ol) bzw. 2-Propanol (Propan-2-ol, unter Isopropanol allgemein bekannt):

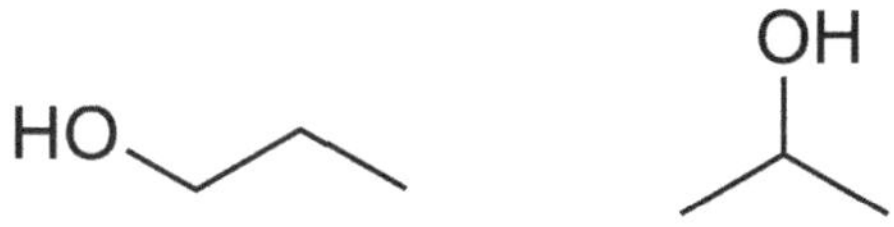

Die genauen Butanol-Konstitutionsisomere möchten wir etwas ausführlicher besprechen. Es liegt nahe, dass man mit einer (unverzweigten) Vierer-C-Kette anfängt, denn es handelt sich im Endeffekt um ein Butanol. Beim ersten Konstitutionsisomer können wir die OH-Gruppe ans 1. C-Atom positionieren, 1-Butanol (Butan-1-ol):

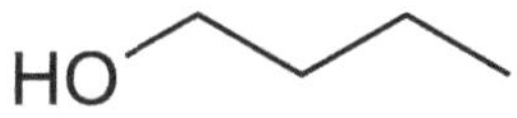

Das zweite Konstitutionsisomer ergibt sich, indem die OH-Gruppe an das 2. C-Atom positioniert wird, 2-Butanol (Butan-2-ol):

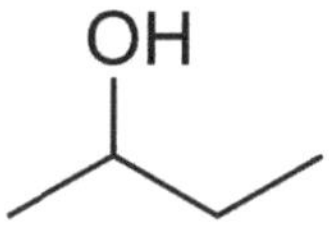

Deswegen muss die C-Kette um ein C-Atom verkürzt werden. Die OH-Gruppe kann nicht mehr auf ein anderes C-Atom verschoben werden, denn sonst hätte man wieder entweder das 1-Butanol oder das 2-Butanol. Nach dem Verkürzen um ein C-Atom ergibt sich eine Dreier-C-Kette. Das „abgekürzte" C-Atom kann natürlich nur am mittleren C-Atom sitzen, denn würde es an einem der beiden terminalen (End-C-Atomen) C-Atomen stehen, würde man wieder eine Dreier-C-Kette erhalten. Zu überlegen ist, an welcher Stelle die OH-Gruppe positioniert werden soll, die theoretisch an jedem der vier C-Atome sitzen könnte. So hätten wir demnach vier Möglichkeiten:

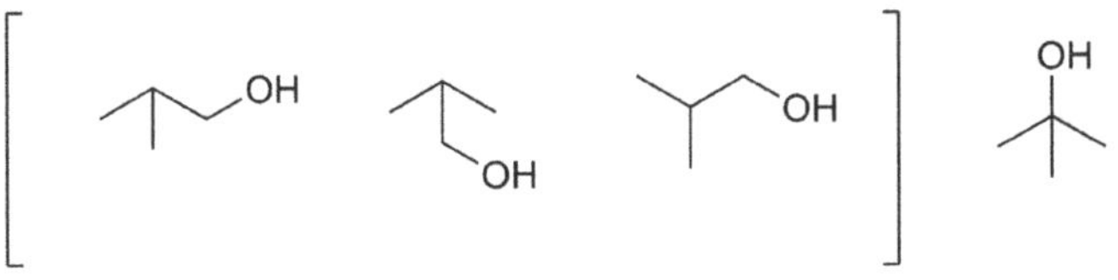

[Strukturformeln: drei Darstellungen von 2-Methyl-1-propanol und eine von 2-Methyl-2-propanol]

2-Methyl-1-propanol   2-Methyl-2-propanol

Die ersten drei Strukturen sind eigentlich identisch, sodass nur eine davon gezeichnet werden muss, da die anderen beiden dieselbe Struktur darstellen und somit keine Konstitutionsisomere sind. Bei allen drei handelt es sich um 2-Methyl-1-propanol. Zum Namen:

1. Die längste C-Kette besteht aus 3 C-Atomen ⟶ Prop-;

2. Die C-Atome der längsten Kette sind durch einfache Bindungen miteinander verbunden ⟶ -an (von Alkan);

3. Die ersten beiden Punkte ergeben Propan als Grundgerüst.

4. Als Substituenten in der längsten C-Kette haben wir eine Methyl- und eine Hydroxy-Gruppe.

5. Die Methyl-Funktion sitzt am 2. C-Atom, desw. 2-Methylpropan. Die Hydroxygruppe (-ol) sitzt am 1. C-Atom, deswegen 2-Methyl-1-propanol.

6. Insgesamt also: 2-Methyl-1-propanol.

Gerade am Anfang ist man sich manchmal etwas unsicher, ob zwei (oder wie in unserem Beispiel drei) Strukturen nicht eigentlich dasselbe sind. Zwei Methoden sind hierbei hilfreich:

1. Alle Strukturen benennen. Bei gleichen Namen handelt es sich selbstverständlich um ein- und dieselbe Struktur und nicht um Konstitutionsisomere.

2. Kann man lediglich durch Drehen die Strukturen ineinander überführen? Wenn ja, sind das keine Isomere.

Hier werden der Vollständigkeit halber alle Konstitutionsisomere des Pentanols dargestellt. Zur Übung könnt ihr sie erst einmal alleine formulieren, benennen und danach vergleichen:

1-Pentanol 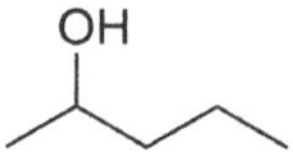   2-Pentanol 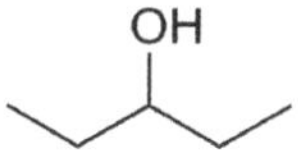   3-Pentanol

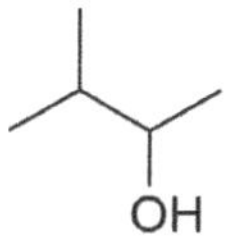

3-Methyl-2-butanol 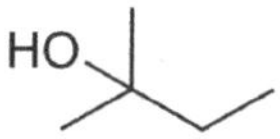   2-Methyl-2-butanol 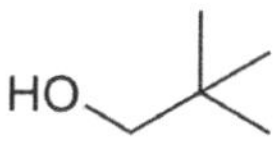   2,2-Dimethyl-1-propanol

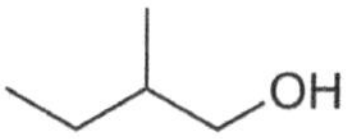

2-Methyl-1-butanol 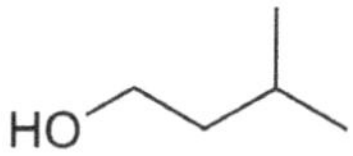   3-Methyl-1-butanol

Wertigkeit der Alkohole und primäre, sekundäre und tertiäre Alkohole

Unter Wertigkeit eines Alkohols versteht man lediglich die Anzahl der OH-Gruppen, die im Molekül vorhanden sind. Ein einwertiger Alkohol hat also 1 OH-Funktion, ein zweiwertiger 2 OH-Funktionen etc. Nach dieser Nomenklatur unterscheidet man Monoalkohole (1 OH-Gruppe), Diole (2 OH-Gruppen),

Triole (3 OH-Gruppen) etc. Das Sorbitol (1,2,3,4,5,6-Hexanhexol) z. B. ist ein Süßungsmittel und ein Hexol, da es sechs OH-Gruppen im Molekül hat:

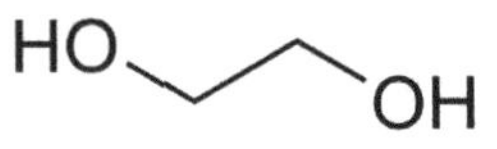

HO‾‾‾‾OH   HO‾‾‾(OH)‾‾‾OH

1,2-Ethandiol 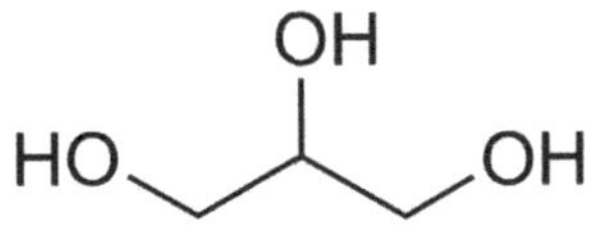   1,2,3-Propantriol

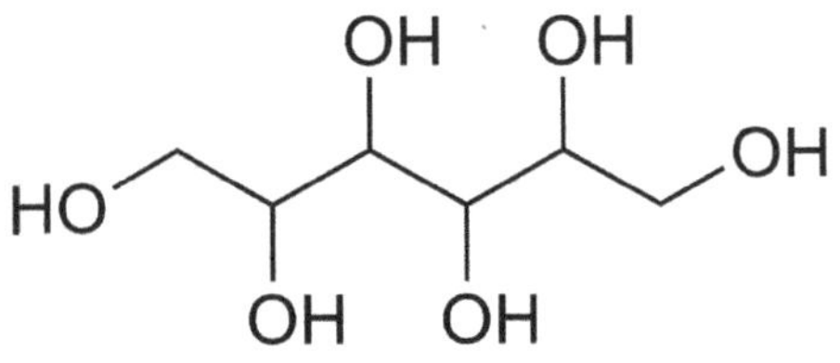

HO‾‾(OH)‾‾(OH)‾‾(OH)‾‾(OH)‾‾OH

1,2,3,4,5,6-Hexanhexol

Man unterscheidet außerdem zwischen primären, sekundären und tertiären Alkoholen. Nehmen wir das 2-Propanol als Beispiel.

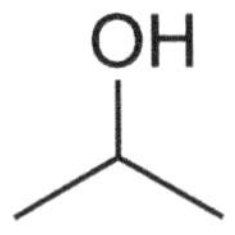

(CH₃)₂CHOH — 2-Propanol mit OH an mittlerem C

Um zu entscheiden, welcher Typ (primär, sekundär, tertiär) vorliegt, muss man Folgendes beachten:

1. Man konzentriert sich auf das C-Atom, an dem die OH-Gruppe sitzt. Bei uns das 2. C-Atom.

2. Man zählt durch, wie viele C-Ketten an diesem C-Atom noch sitzen. Unter einer C-Kette kann man sowohl eine „richtige", also längere C-

Kette verstehen, aber auch eine ganz kurze Methyl-Funktion auffassen. Oder vereinfacht ausgedrückt: Wie viele C-Atome sitzen unmittelbar am C-Atom mit der OH-Funktion? An unserem C-Atom sitzen 2 C-Ketten. Deswegen handelt es sich um einen sekundären Alkohol.

Wie sieht es beim 1-Propanol aus?

HO_/_/\\

Man beachte, dass am C-Atom, an dem die OH-Gruppe sitzt, zwar noch zwei andere C-Atome sitzen, allerdings sind sie Teil einer einzigen Kette. Es handelt sich nämlich nicht um zwei getrennte Ketten wie beim 2-Propanol. Oder vereinfacht überlegt: Am C-Atom mit der OH-Gruppe sitzt unmittelbar ein einziges C-Atom. Deswegen ist dieser Alkohol primär.

Ein Beispiel für einen tertiären Alkohol ist das tert-Butanol (2-Methyl-2-propanol), da am C-Atom mit der OH-Gruppe unmittelbar drei weitere C-Atome sitzen:

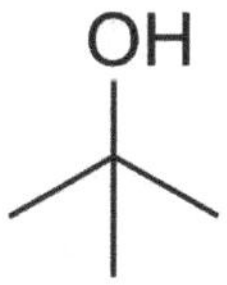

OH
|
/|\\

Eine „Ausnahme" ist das Methanol. Am C-Atom der OH-Gruppe sitzt gar kein C-Atom, sondern drei H-Atome:

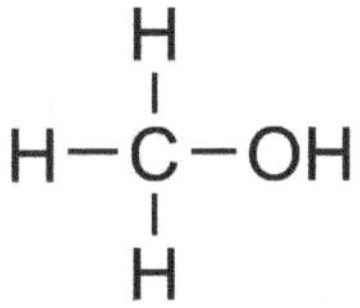

$$H-\underset{\underset{H}{|}}{\overset{\overset{H}{|}}{C}}-OH$$

Methanol wird trotzdem zu den primären Alkoholen gezählt.

Man sollte sich unbedingt mit beiden Nomenklaturen auskennen (Wertigkeit und primäre, sekundäre, tertiäre Alkohole) und sich im Klaren sein, dass die Wertigkeit eines Alkohols nichts darüber aussagt, ob er primär, sekundär oder tertiär ist und umgekehrt.

Nun noch ein Beispiel zum Abschluss. Das Glycerin (1,2,3-Propantriol) wurde oben schon erwähnt. Da im Molekül drei OH-Gruppen vorhanden sind, handelt es sich um einen dreiwertigen Alkohol. Ist er aber primär, sekundär oder tertiär? Da hier offenbar mehr als nur eine OH-Funktion vorhanden ist, müsste man jede davon einzeln betrachten. Die beiden terminalen OH-Gruppen sind primär, da an den jeweiligen C-Atomen jeweils nur eine C-Kette sitzt. Die mittlere OH-Funktion ist allerdings sekundär, da an ihrem C-Atom unmittelbar zwei weitere C-Ketten sitzen.

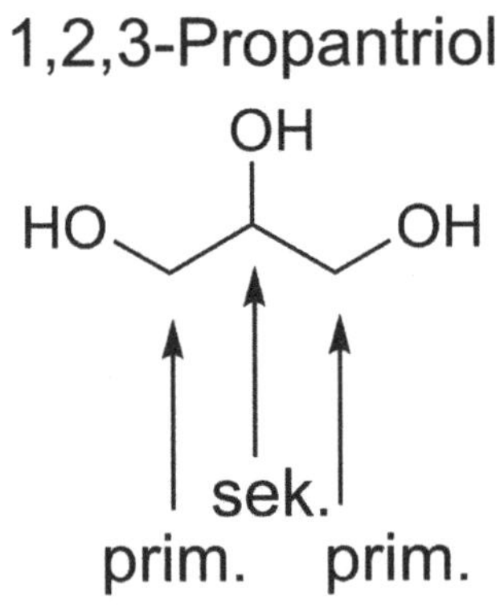

1,2,3-Propantriol

OH
HO OH

↑   ↑   ↑
    sek.
prim.   prim.

Oxidation von Alkoholen

Jetzt wenden wir uns der Oxidation von primären, sekundären und tertiären Alkoholen zu. Solche Aufgaben sind ein Klassiker in Klausuren und außerdem ziemlich dankbar.

Man muss dabei immer beachten, dass sich die Anzahl der C-Atome bei der

Oxidation nicht ändern darf! Es ändern sich lediglich die funktionellen Gruppen: OH-Gruppe zu Aldehyd-Gruppe, Aldehyd-Gruppe zu Säure-Funktion etc.

Ein primärer Alkohol wird über ein Aldehyd zu einer Säure oxidiert:

$$\underset{\text{prim. Alkohol}}{\overset{H}{\underset{R}{\overset{|}{H-\overset{|}{C}-OH}}}} \underset{\text{[Red.]}}{\overset{\text{[Ox.]}}{\rightleftharpoons}} \underset{\text{Aldehyd}}{\overset{O}{\underset{}{R-\overset{\|}{C}-H}}} \overset{\text{[Ox.]}}{\longrightarrow} \underset{\text{Säure}}{\overset{O}{\underset{}{R-\overset{\|}{C}-OH}}}$$

Nehmen wir das Ethanol als Beispiel:

$$\underset{\text{Ethanol}}{\text{CH}_3\text{CH}_2\text{OH}} \underset{\text{[Red.]}}{\overset{\text{[Ox.]}}{\rightleftharpoons}} \underset{\substack{\text{Ethanal} \\ \text{(Acetaldehyd)}}}{\text{CH}_3\text{CHO}} \overset{\text{[Ox.]}}{\longrightarrow} \underset{\substack{\text{Ethansäure} \\ \text{(Essigsäure)}}}{\text{CH}_3\text{COOH}}$$

Das Ethanol ist ein primärer Alkohol. Es wird also erst einmal zu einem Aldehyd oxidiert. Das jeweilige Aldehyd muss ebenfalls, wie das Ethanol, zwei C-Atome haben. Es handelt sich demnach um das Ethanal. Bei der zweiten Etappe entsteht aus dem Aldehyd die jeweilige Säure, bei uns die Ethan- bzw. Essigsäure.

Hier sollte man außerdem beachten, dass Aldehyde zu primären Alkoholen reduziert werden können. Dies ist im Endeffekt der Umkehrprozess der ersten Etappe der Oxidation des primären Alkohols.

Ein sekundärer Alkohol wird zu einem Keton oxidiert:

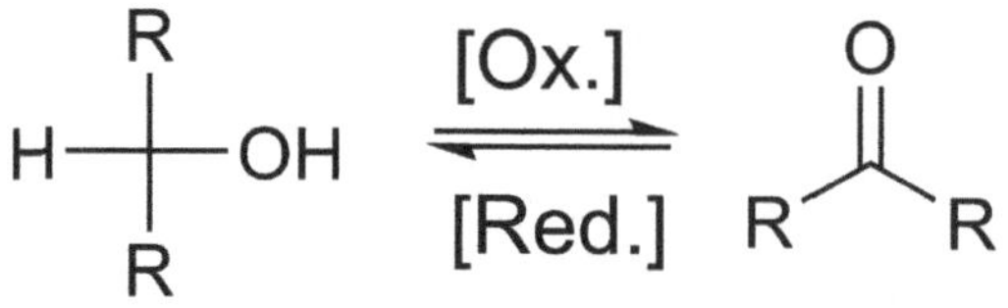

$$\underset{R}{\overset{R}{H-\!\!\!\!\!\!\!\!\!\!-\!\!\!\!\!-\!OH}} \;\underset{[Red.]}{\overset{[Ox.]}{\rightleftarrows}}\; R\overset{O}{\underset{}{\|}}R$$

Wenn man z. B. 2-Propanol oxidiert, erhält man Propanon:

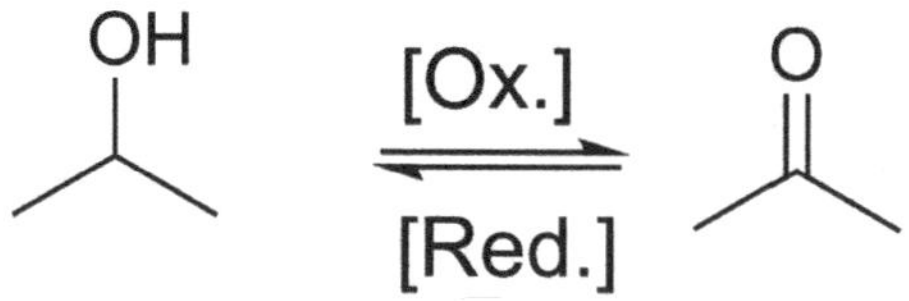

$$\underset{}{\overset{OH}{\bigwedge}} \;\underset{[Red.]}{\overset{[Ox.]}{\rightleftarrows}}\; \underset{}{\overset{O}{\bigwedge}}$$

Ketone sind relativ oxidationsstabil. (Streng genommen können sie mit sehr starken Oxidationsmitteln zu einer Mischung aus Säuren oxidiert werden. Dies ist allerdings ohne Relevanz für die Prüfung, da es dabei zu einem Bruch der C-Ketten kommt.)

Hieraus folgt außerdem, dass ein Keton zu einem sekundären Alkohol reduziert werden kann.

Tertiäre Alkohole können nicht oxidiert werden.

Jetzt sehen wir uns ein paar weitere chemische Eigenschaften der Alkohole an.

Alkohole als Ampholyte

Alkohole sind Ampholyte, denn sie haben sowohl saure als auch basische Eigenschaften, genau wie Wasser. Allerdings sind sowohl die einen als auch die anderen Eigenschaften sehr schwach ausgeprägt.

Alkohole können mit starken Metallen (z. B. Na) reagieren. Dies ist ein Beweis für die sauren Eigenschaften, denn hier wird genau wie bei der Reaktion zwischen einer Säure und Na das H-Atom im Molekül der Säure durch das Metall-Atom substituiert:

$2\,R-OH + 2\,Na \rightarrow 2\,R-O^-Na^+ + H_2$

vgl. mit

$2\,HCl + 2\,Na \rightarrow 2\,NaCl + H_2$

Es bildet sich ein „Salz" des Alkohols, das den allgemeinen Namen Alkoholat trägt. „-at" ist eine typische Endung für Salze und steht generell für ein negativ geladenes O-Atom (z. B. beim Phosphat, Sulfat, Carbonat etc.). Alkoholat bedeutet also „Salz des Alkohols". Ein anderer Name für das Alkoholat wäre das Alkoxid. Hierbei stellt man sich vor, dass es sich um ein Oxid handelt, aufgrund der negativen Ladung des O-Atoms im Molekül.

Die basischen Eigenschaften der Alkohole werden klassischerweise durch Protonierung bewiesen. Eine Base ist v. a. dadurch definiert, dass sie Protonen, also H^+ aufnehmen kann:

$R-OH + H^+ \rightarrow R-OH_2^+$

Um sich die Bedeutung dieser Reaktion noch einmal vor Augen zu führen, empfiehlt es sich an dieser Stelle, den Mechanismus der Alkoholbildung aus Alkenen zu wiederholen und im Kapitel *Kohlenwasserstoffe* nachzulesen.

Ether

Eine andere wichtige Eigenschaft der Alkohole ist die Bildung von Ethern. Schematisch kann man sich vorstellen, dass zwei (gleiche oder unterschiedliche) Alkohole miteinander reagieren. Von dem einen Alkohol wird die ganze OH-Gruppe abgespalten, von dem anderen lediglich das H-Atom der OH-Gruppe. So entsteht Wasser (von OH und H), es handelt sich also um eine Kondensationsreaktion, da zwei Moleküle unter Abspaltung von Wasser vereint werden. Die beiden Alkohole verbinden sich miteinander und das Produkt nennt man Ether:

$R_1-OH + HO-R_2 \rightarrow R_1-O-R_2 + H_2O$

Der Vollständigkeit halber möchten wir uns auch den Mechanismus dieser

Reaktion ansehen:

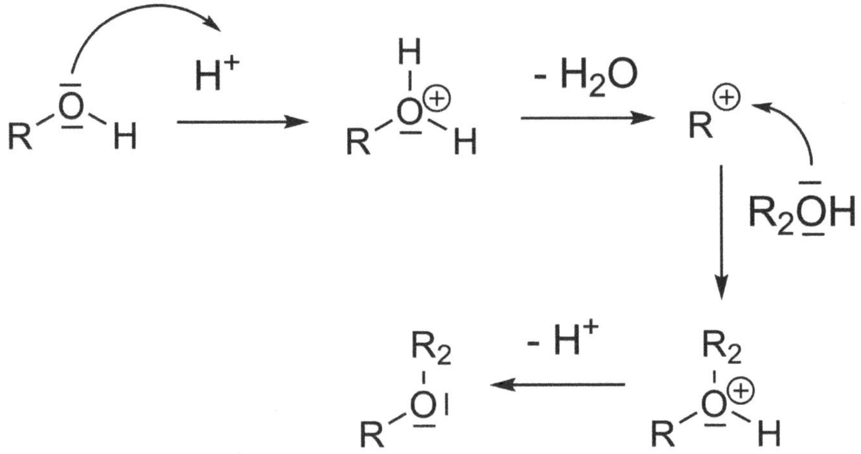

$$R-\overset{\shortmid}{\underset{=}{O}}-H \;\;\xrightarrow{H^+}\;\; R-\overset{H}{\underset{=}{\overset{\mid}{O}^{\oplus}}}-H \;\;\xrightarrow{-H_2O}\;\; R^{\oplus} \;\;\xrightarrow{R_2\underline{\bar{O}}H}\;\; R-\overset{R_2}{\underset{=}{\overset{\mid}{O}^{\oplus}}}-H \;\;\xrightarrow{-H^+}\;\; R-\overset{R_2}{\underset{=}{\overset{\mid}{O}}}|$$

Im ersten Schritt wird die OH-Gruppe eines Alkohols protoniert; als Katalysator dient H^+ aus z.B. H_2SO_4. Nun hat das O-Atom drei Bindungen bzw. nur 5 Elektronen (anstelle von 6) → eine positive Ladung. Dann wird H_2O abgespalten. Da nun die Bindung zwischen dem C- im Rest R und dem O-Atom aufgelöst worden ist, wird dieses C-Atom dreibindig (davor hatte das C-Atom im R vier Bindungen). Demnach muss die positive Ladung an ihm sitzen. Es handelt sich also um ein Carbokation/Carbeniumion. Nun wird die positive Ladung des C-Atoms durch ein lone pair eines weiteren Alkohols angegriffen. Dieses lone pair bildet die neue Bindung zwischen dem (früher positiv geladenen) C-Atom im Rest des schon benutzten Alkohols und dem O-Atom des neuen Alkohols. Bei der letzten Etappe muss der Katalysator (H^+) freigesetzt werden, es wird also das „überschüssige" H-Atom am positiv geladenen O-Atom abgespalten.

Zur Nomenklatur der Ether: Prinzipiell ist es ausreichend, wenn man die Ether-Funktion erkennen und einfache Beispiele benennen kann:

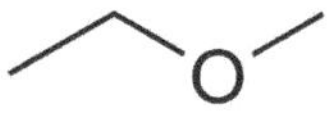

$$\text{CH}_3\text{CH}_2\text{-O-CH}_3$$

Man benennt die beiden Alkyl-Reste am O-Atom. Bei uns steht auf der linken Seite ein Ethyl-Rest, auf der rechten Seite ein Methyl-Rest. Demnach handelt es sich um Ethylmethylether. (Alphabetische Anordnung der Reste, E vor M im Alphabet, deswegen Ethyl an erster Stelle.)

Ether sind zwar polar (wegen des O-Atoms), allerdings sehr reaktionsträge Verbindungen. Sie werden in der Organik häufig als Lösungsmittel angewandt.

(Die Esterbildung wird im Kapitel *Carbonsäuren*, die Acetalbildung im Kapitel *Aldehyde und Ketone* erläutert.)

Ungesättigte Alkohole haben mindestens eine Doppel- oder Dreifach-Bindung im Molekül. Wir wollen uns mit diesem Thema nicht lange aufhalten, da diesbezüglich (wenn überhaupt) die Nomenklatur wichtig wäre. In diesem Sinne werden im Kapitel *Aldehyde und Ketone* die Enole und Enolate besprochen.

Phenole

Phenole nennt man Verbindungen, die aus einem aromatischen Ring bestehen, an dem direkt (mindestens) eine OH-Gruppe sitzt. Der erste Vertreter ist das Phenol (Hydroxybenzol, Hydroxybenzen). Nach ihm wurde die ganze Stoffklasse benannt:

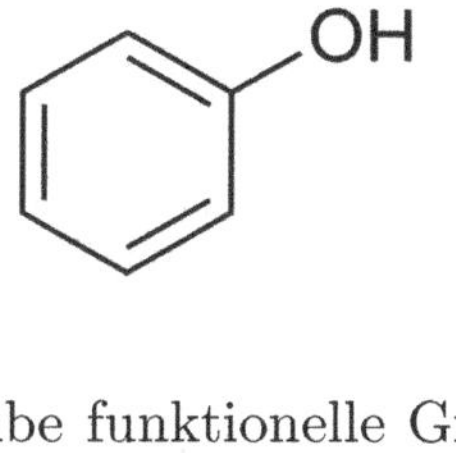

$$\text{C}_6\text{H}_5\text{-OH}$$

Phenole haben zwar dieselbe funktionelle Gruppe wie die Alkohole (OH-Gruppe), allerdings unterscheiden sie sich in ihren Eigenschaften, da sie in wässrigen Lösungen wie ausgesprochene (schwache) Säuren dissoziieren:

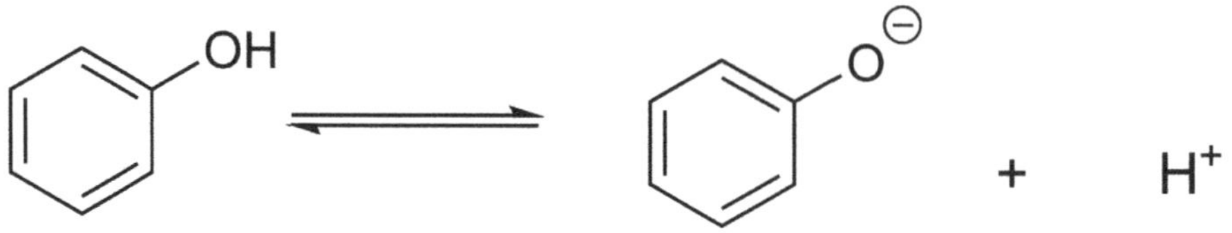

PhOH ⇌ PhO⁻ + H⁺

Grund für die aziden (sauren) Eigenschaften ist die Stabilisierung des gebildeten Phenolat-Anions durch Mesomerie. Phenole sind also im Gegensatz zu Alkoholen (die nahezu neutral reagieren) schwache Säuren.

Da Phenole schwach sauer reagieren, reagieren sie mit Basen zu Salzen (Phenolaten) und Wasser. Im Gegensatz dazu können Alkohole nicht mit Basen reagieren, da sie dafür nicht sauer genug sind.

PhOH + NaOH ⇌ PhO⁻Na⁺ + H_2O

Ansonsten reagieren Phenole wie Alkohole, wenn es um sämtliche Mechanismen geht: Ester-Bildung (s. Kapitel *Carbonsäuren*), Acetal-Bildung (s. Kapitel *Aldehyde und Ketone*), Ether-Bildung (s. o.) etc.

Thiole

Zum Abschluss dieses Kapitels möchten wir uns kurz den Thiolen widmen. Thiole können als Alkohole (bzw. Phenole) aufgefasst werden, bei denen das O-Atom (in der OH-Gruppe) durch ein S-Atom ersetzt ist. Deswegen werden sie auch Thioalkohole (Thiophenole) genannt. Die ähnlichen Eigenschaften der Thiole und Alkohole werden durch die ähnlichen Elemente O und S (beide in der 6. Hauptgruppe im PSE) bedingt.

Die Namen der Alkanthiole ergeben sich aus dem Namen des jeweiligen Alkans und dem Suffix „-thiol", z. B.:

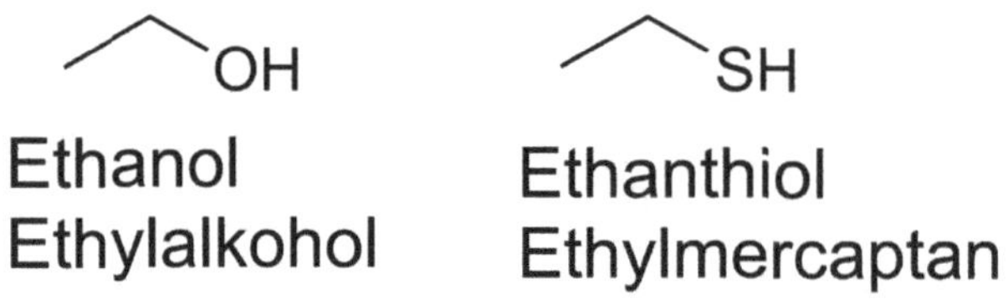

Ethanol
Ethylalkohol

Ethanthiol
Ethylmercaptan

Eine andere Option besteht darin, den Alkylrest zu benennen (Methyl-, Ethyl- etc.) und „-mercaptan" als Suffix zu benutzen. Mercaptan bedeutet „Quecksilber abfangend", da Thiole die Eigenschaft haben, Hg zu binden.

Thiole kann man an ihrem widerlichen Geruch erkennen. Man merkt sich an dieser Stelle, sofern man das nicht ohnehin längst weiß, dass man viele S-Verbindungen am unangenehmen Geruch erkennen kann (danach wird gerne in Prüfungen gefragt).

Die wichtigste Eigenschaft der Thiole, die man sich einprägen sollte, ist ihre Oxidation. Zwei Äquivalente eines Thiols reagieren miteinander, wobei die H-Atome der beiden SH-Gruppen abgespalten werden und sich die S-Atome an dieser Stelle miteinander verbinden. Es entsteht eine Disulfidbrücke. Sie ist eine wichtige biochemische Struktur, die Proteine stabilisiert.

$$R-SH + R-SH \longrightarrow R-\boxed{S-S}-R$$
Disulfidbrücke

Kapitel 14

Aldehyde und Ketone

Lernziele

- Nomenklatur und Isomerie der Aldehyde und Ketone

- wichtige Trivialnamen ausgewählter Aldehyde und Ketone

- Reduktion/Oxidation von Aldehyden und Ketonen

- elektrophile Eigenschaften des Carbonyl-C-Atoms

- Halb-/Vollacetale

- Enolate

- Keto-Enol-Tautomerie

Aldehyde und Ketone gehören zur Gruppe der Carbonyl-Verbindungen. Die Carbonyl-Funktion sieht allgemein folgendermaßen aus:

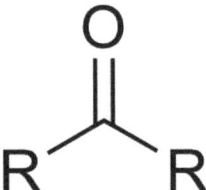

Sie ist nicht nur bei Aldehyden und Ketonen anzutreffen, sondern auch bei Carbonsäuren, Carbonsäurenderivaten usw. Am Anfang ist es beim Lernen besser, wenn man die beiden Stoffklassen (Aldehyde und Ketone) getrennt betrachtet.

Aldehyde

Herkunft

Der Begriff Aldehyd steht für *alcoholus dehydrogenatus* — dehydrierter Alkohol, also ein Alkohol, dem Wasserstoff *weggenommen* worden ist. Der lateinische Name wird seltener abgefragt. Allerdings deutet er auf die Herkunft der Aldehyde hin, die bei der Oxidation (also Dehydrierung, da dabei 2 H-Atome entzogen werden) von primären Alkoholen entstehen:

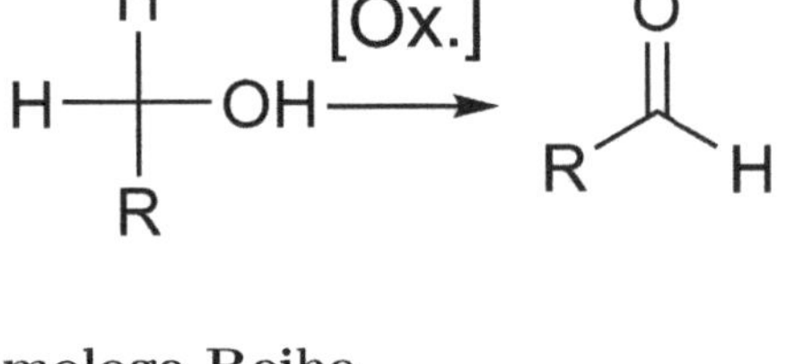

Aufbau und Homologe Reihe

Die funktionelle Gruppe der Aldehyde wird Aldehyd-Gruppe oder, chemisch korrekter, Formyl-Gruppe genannt. Sie sieht folgendermaßen aus:

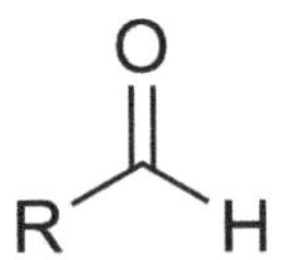

Kapitel 14. Aldehyde und Ketone

Am Carbonyl-C-Atom sitzt demnach ein H-Atom sowie ein Alkylrest. Eine Ausnahme bildet der einfachste Vertreter der Aldehyde, das Methanal (Formaldehyd), das als R ein H-Atom trägt:

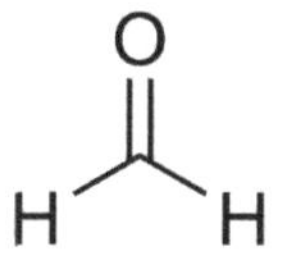

Die homologe Reihe der gesättigten Aldehyde (auch Alkanale genannt, da Derivate der Alkane) beginnt mit dem Formaldehyd. Der zweite Vertreter ist das Ethanal (Acetaldehyd, da bei seiner Oxidation Essigsäure entsteht und *acetum* = Essig), welches als Alkylrest eine Methyl-Gruppe hat:

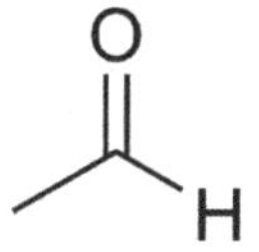

Darauf folgen das Propanal, Butanal, Pentanal etc.:

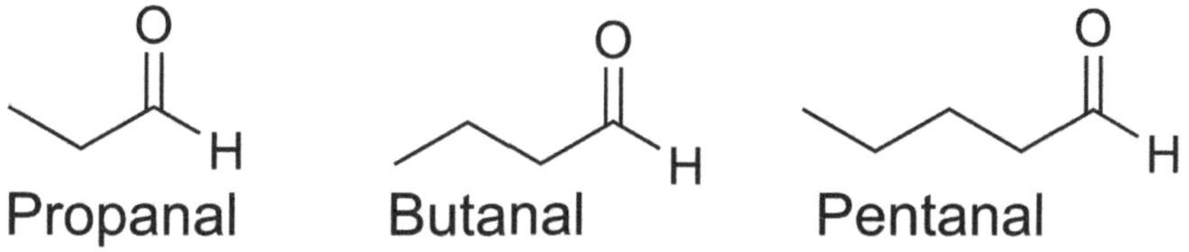

Propanal   **Butanal**   **Pentanal**

Die Namen ergeben sich aus dem Namen des jeweiligen Alkans und -al als Suffix. Es ist zu beachten, dass das C-Atom der Formyl-Gruppe mitgezählt wird: Das Ethanal hat insg. zwei C-Atome (eins von der Me-Gruppe, eins von der Formyl-Gruppe), deswegen Ethanal.

Ab dem Butanal beobachtet man Konstitutionsisomerie. Wir möchten hier die möglichen Konstitutionsisomere zeichnen und benennen. Fangen wir mit dem normalen Butanal an: eine Vierer-C-Kette, an der ersten Position sitzt die Formyl-Gruppe:

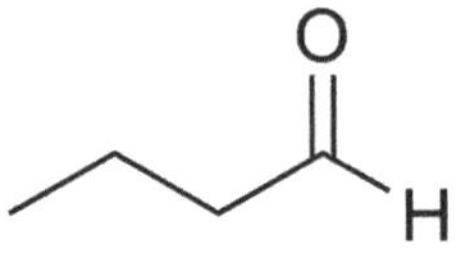

Butanal

Da die Formyl-Funktion immer an **erster** Stelle steht, kann man ihre Position innerhalb dieser C-Kette **nicht** verschieben, im Gegensatz z. B. zur OH-Gruppe beim Butanol: 1-Butanol und 2-Butanol (s. Kapitel *Alkohole*). (Aus diesem Grund hat das Propanal **keine** Konstitutionsisomere, im Gegensatz zum Propanol: 1- und 2-Propanol.)

Nun muss man offensuchtlich die C-Kette um ein C-Atom verkürzen, um das nächste Konstitutionsisomer zu erhalten. So erhält man eine Dreier-C-Kette. An der ersten Position steht wie üblich die Formyl-Funktion. Irgendwo muss ein C-Atom (=Methyl-Gruppe) untergebracht werden, da die C-Kette um ein C-Atom verkürzt wurde. Das 1. C-Atom, also das Carbonyl-C-Atom, steht offensichtlich nicht zur Verfügung. Das mittlere C-Atom scheint dagegen geeignet zu sein:

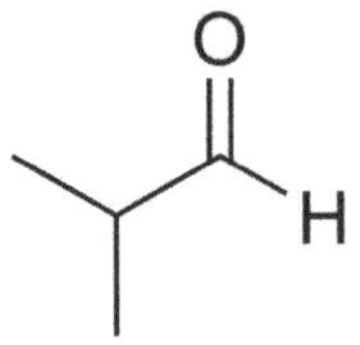

Der Name des Isomers ergibt sich folgendermaßen:

1. Wie viele Atome in der längsten C-Kette? 3 C-Atome ⟶ Prop-

2. Wie sind die C-Atome in der längsten C-Kette verknüpft? Einfache Bindungen → -an, von Alkan

3. Aus Punkt 1 und 2 ergibt sich schon einmal Propan als Grundgerüst.

4. Welche funktionellen Gruppen gibt es?

- Eine Aldehyd-Gruppe (Formyl-Gruppe) → Suffix -al. Somit erhält man Propanal.

- Eine Methyl-Gruppe am 2. C-Atom → 2-Methylpropanal.

Übrigens: Die Formyl-Gruppe steht immer am 1. C-Atom, deswegen z. B. nicht 1-Propanal, sondern nur Propanal.

Hier werden alle konstitutionsisomeren Pentanale aufgelistet und benannt. Als Übung könnt ihr sie selber zeichnen, benennen und dann vergleichen, ob ihr richtig gearbeitet habt:

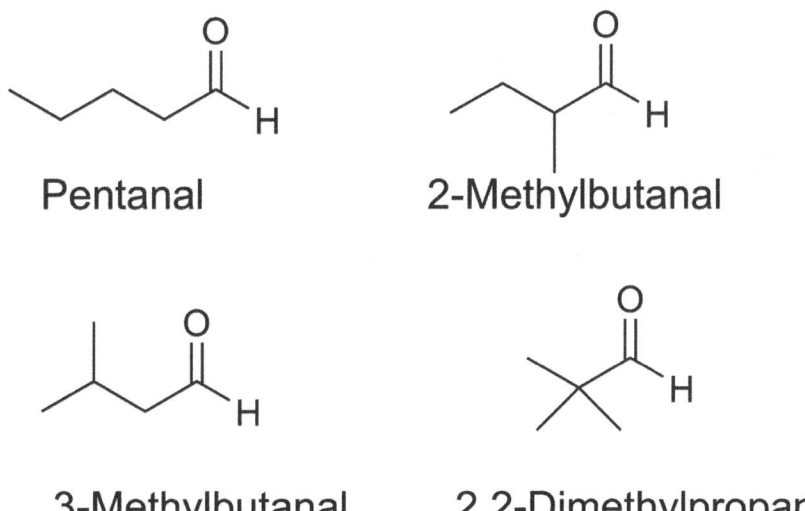

Aus den aromatischen Aldehyden sollte man das Benzaldehyd (als deren einfachstes Beispiel) kennen. Es entsteht bei der Oxidation des Benzylalkohols

(Phenylmethanol). Seinerseits kann das Benzaldehyd zur Benzoesäure oxidiert werden. Es handelt sich im Endeffekt um die Oxidation eines primären Alkohols (s. Kapitel *Alkohole*):

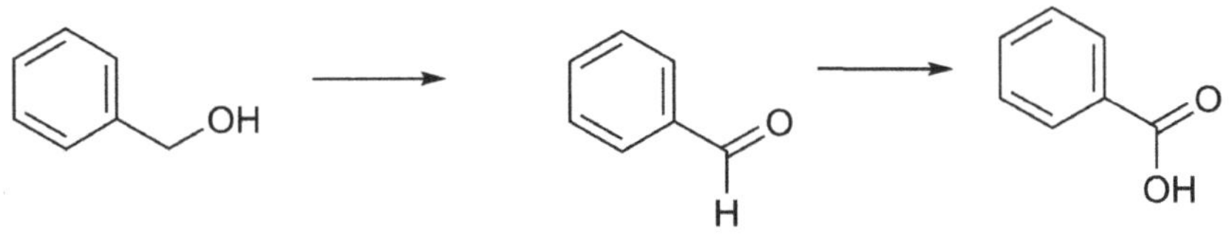

Benzylalkohol → **Benzaldehyd** → **Benzoesäure**

Physikalische Eigenschaften

Die Formyl-Gruppe ist aufgrund der C=O-Bindung sehr polar. Deswegen sind kurzkettige Aldehyde gut wasserlöslich. Mit steigender Länge der C-Kette sinkt aber die Wasserlöslichkeit, da dann die lipophilen bzw. hydrophoben Eigenschaften der Alkylkette überwiegen. Aldehyde bilden untereinander keine Wasserstoff-Bindungen aus, da kein H-Atom vorliegt, welches an einem O-Atom gebunden ist (s. Kapitel *Chemische Bindung*). In wässriger Umgebung entstehen allerdings H-Bindungen zwischen dem Aldehyd und dem Wasser.

Verwendung

Zahlreiche Aldehyde (z. B. Nonanal, Dekanal) sind Duftstoffe, die in verschiedenen Parfums verwendet werden, da sie blumig riechen. Ansonsten werden Aldehyde vielfltig in der Industrie und der Medizin eingesetzt, u. a. als Desinfektionsmittel.

Ketone

Herkunft

Ketone entstehen, wie im Kapitel *Alkohole* erklärt, bei der Oxidation von sekundären Alkoholen:

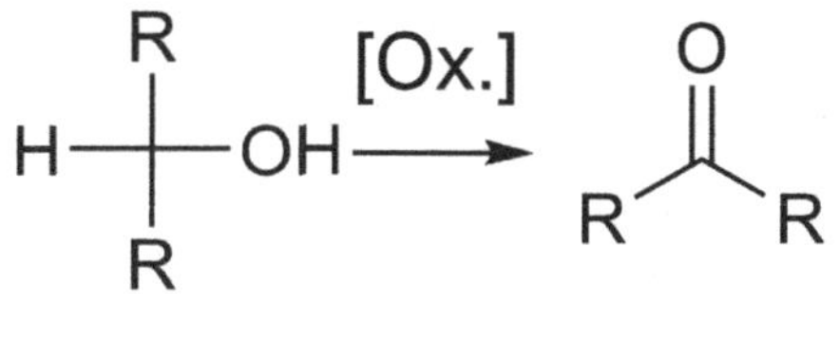

Kapitel 14. Aldehyde und Ketone

$$\underset{R}{\overset{R}{H-\underset{|}{\overset{|}{C}}-OH}} \xrightarrow{[Ox.]} \underset{R}{\overset{O}{\underset{\|}{R-C-R}}}$$

Aufbau und Homologe Reihe

Die funktionelle Gruppe der Ketone nennt man Keto-Gruppe bzw. chemisch korrekter Oxo-Gruppe. Im Gegensatz zu Aldehyden sind in den Molekülen der Ketone zwei Alkylreste am Carbonyl-C-Atom gebunden:

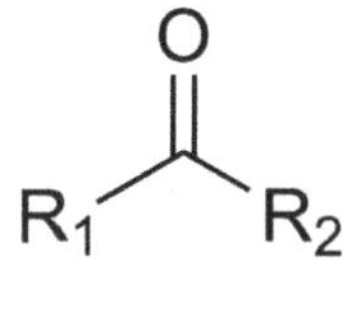

$$\underset{R_1}{\overset{O}{\underset{\|}{C}}}\!\!R_2$$

Daraus folgt, dass die Oxo-Funktion — im Gegensatz zur Formyl-Funktion bei Aldehyden — niemals an erster Position steht, da R_1 und R_2 immer mindestens eine Methyl-Gruppe sind! Demnach hat das einfachste Keton drei C-Atome im Molekül (R_1 und R_2 = CH_3). Man nennt es Aceton bzw. Propanon:

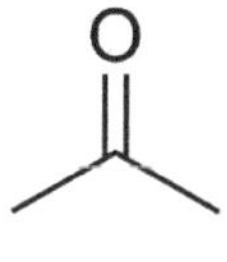

Darauf folgt das Butanon mit vier C-Atomen:

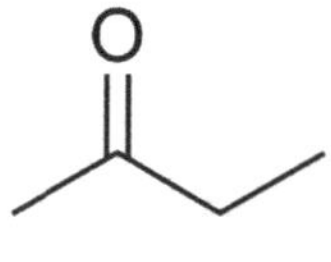

Es wird ersichtlich, dass sich die Namen der Ketone aus dem Namen des jeweiligen Alkans ergeben (z. B. beim Propanon aus dem Propan, da drei C-Atome vorhanden) und dem Suffix -on für Keton.

Ab dem dritten Vertreter der gesättigten Ketone (auch als Alkanone bekannt, da Derivate der Alkane), dem Pentanon, beobachtet man Konstitutionsisomerie. Man zeichnet erst einmal die Fünfer-C-Kette. Die Oxo-Funktion kann am 2. C-Atom sitzen. So ergibt sich das 2-Pentanon (Pentan-2-on):

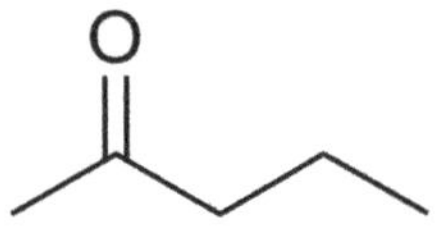

Sie kann auch am mittleren, also am dritten, C-Atom sitzen: 3-Pentanon (Pentan-3-on):

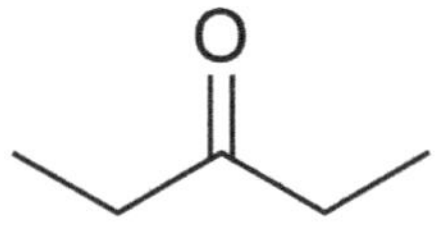

Für das nächste Konstitutionsisomer muss man die C-Kette um ein C-Atom verkürzen. Es ergibt sich eine Vierer-C-Kette. Die Oxo-Funktion kann am 2. C-Atom sitzen. Außerdem muss noch ein C-Atom untergebracht werden. Als einzige Option bleibt das 3. C-Atom, da das 2. C-Atom schon vollständig belegt ist (säße das C-Atom am 1. bzw. 4. C-Atom, hätte man wieder die Fünfer-C-Kette). Das ist das 3-Methyl-2-Butanon: (Prinzipiell kann man die 2 weglassen, da im Butanon die Oxo-Funktion lediglich an der 2. Position sitzen kann.)

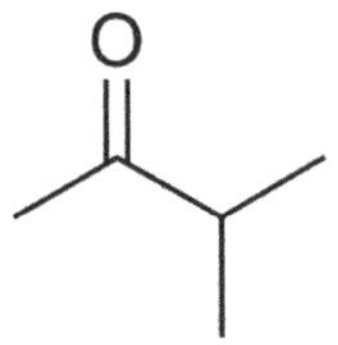

Der Name dieses Konstitutionsisomers ergibt sich folgendermaßen:

Kapitel 14. Aldehyde und Ketone

1. Wie viele C-Atome enthält die längste C-Kette? 4 C-Atome → But-

2. Wie sind die C-Atome in der längsten C-Kette verknüpft? Einfache Bindungen → -an (Alkan)

3. Aus Punkt 1 und 2 ergibt sich schon einmal Butan als Grundgerüst

4. Welche funktionellen Gruppen gibt es?

- Eine Keto-Gruppe (Oxo-Gruppe) → Suffix -on. Somit erhält man Butanon

- Eine Methyl-Gruppe am 3. C-Atom → 3-Methylbutanon.

Frage: Warum ist das C-Atom mit der Oxo-Funktion das zweite C-Atom und nicht das dritte?

Antwort: Die Oxo-Funktion ist hierbei diejenige mit der höchsten Priorität (am höchsten oxidiert). Sie (bzw. das C-Atom, an dem sie sitzt) muss also die kleinste mögliche Zahl bekommen.

Hier werden alle konstitutionsisomeren Hexanale aufgelistet und benannt. Als Übung könnt ihr sie selber zeichnen und benennen und dann vergleichen, ob ihr richtig gearbeitet habt:

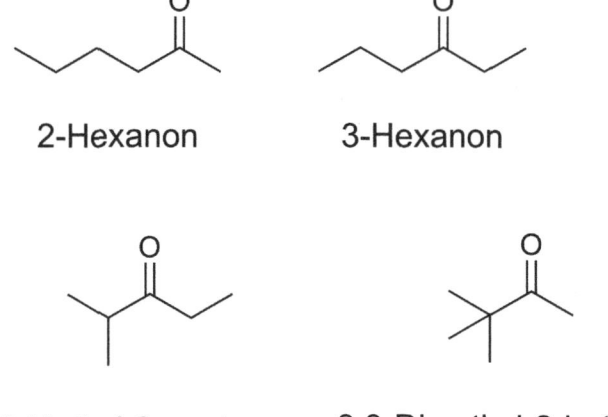

Eine andere Option zur Benennung von Ketonen ist folgende:

1. Man benennt beide Alkyl-(Aryl-)Reste, die am Carbonyl-C-Atom sitzen. Beim Butanon wären das Methyl und Ethyl:

2. Im Namen ordnet man die beiden Reste alphabetisch, also: Ethylmethyl, da E vor M im Alphabet steht

3. Man hängt das Wort Keton daran. Also insgesamt: Ethylmethylketon.

Nach dieser Nomenklatur hieße das Aceton (Propanon) also Dimethylketon.

Übrigens: Unter einem Alkyl-Rest versteht man einen Rest, in dem eine NICHT-aromatische C-Kette vorhanden ist. Ein Aryl-Rest (Aromat) ist der Rest eines aromatischen Kohlenwasserstoffes.

Physikalische Eigenschaften
Prinzipiell ähnlich wie bei den Aldehyden (s. o.).

Aldehyde & Ketone : Chemische Eigenschaften
Bezüglich der chemischen Eigenschaften verhalten sich Aldehyde und Ketone fast immer identisch. Man kann sich grob merken, dass Ketone etwas reaktionsträger sind.

Addition von Wasser
Wasser kann zu Aldehyden und Ketonen addiert werden. Dabei entstehen Hydrate. Das sind Verbindungen mit zwei OH-Gruppen (Diole, also 2x OH) am selben C-Atom. Sehen wir uns den Mechanismus mit einem Aldehyd an:

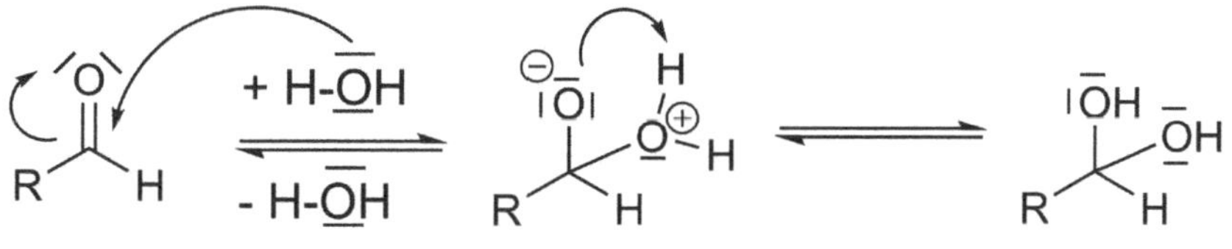

Wasser als Nucleophil greift das elektrophile Carbonyl-C-Atom an. Die Elektronendichte fließt zum O-Atom der Carbonyl-Funktion, da es am stärksten elektronegativ ist. Die neue Bindung zwischen dem O-Atom des Wassers und dem Carbonyl-C-Atom ist eigentlich das eine lone pair des O-Atoms. Dieses O-Atom ist nun dreibindig (C-O-Bindung, sowie zwei H-Atome gebunden) bzw. hat nur 5 Elektronen (und nicht 6) → einfach positiv geladen. Das Carbonyl-O-Atom bekommt ein neues, drittes lone pair (von der ehemaligen

Doppelbindung zwischen dem O- und C-Atom) und ist einfach gebunden (7 Elektronen statt 6) und deswegen einfach negativ geladen. Um diese geladene Struktur auszugleichen, greift das negativ geladene O-Atom eins der beiden H-Atome am positiv geladenen O-Atom an und holt sich dieses zu sich. Somit wird es neutral geladen, da es nun zwei Bindungen bzw. 6 Elektronen hat. Das positiv geladene O-Atom wird ebenfalls neutral, da ihm eine Bindung weggenommen wurde und es jetzt zwei Bindungen bzw. 6 Elektronen hat. Das gebildete Produkt nennt man, wie schon erwähnt, Hydrat. Im Endeffekt handelt es sich um eine besondere Art von Diolen, da die beiden OH-Gruppen am selben C-Atom sitzen, was ziemlich instabil ist. Man kann sich vorstellen, dass sie zu „schwer" für ein C-Atom sind und das Gleichgewicht deswegen auf der linken Seite (zum Aldehyd) liegt.

Bei Ketonen verläuft der Mechanismus analog. Als Beispiel nehmen wir das Aceton:

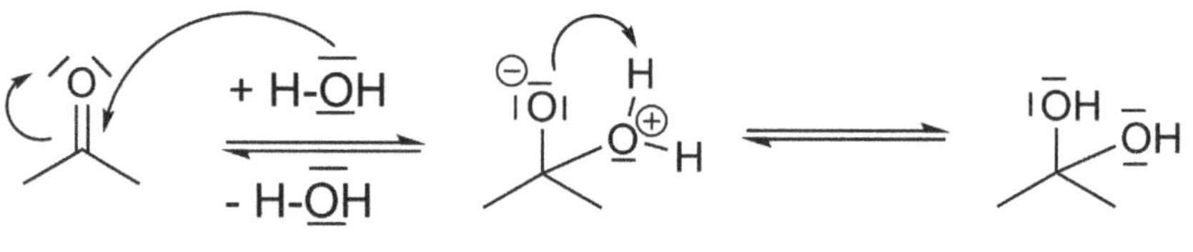

Acetal-Bildung

Acetale entstehen, wenn ein Aldehyd oder Keton mit einem Alkohol oder Phenol reagiert.

Entscheidend ist, dass die Carbonyl-Funktion des Aldehyds/Ketons von der OH-Gruppe des Alkohols/Phenols nukleophil angegriffen wird.

An dieser Stelle möchten wir mit einer Resonanzstruktur verdeutlichen, dass das Carbonyl-C-Atom elektrophile Eigenschaften hat:

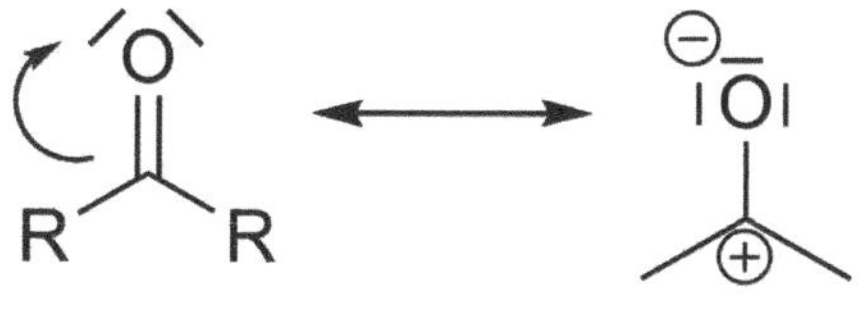

Kapitel 14. Aldehyde und Ketone

Bei der Grenzstruktur sieht man, dass die Doppelbindung aufgelöst wurde und die eine Bindung von ihr zum O-Atom als neues, drittes lone pair herübergegangen ist. Dies liegt daran, dass das O-Atom das elektronegativste Element in der Verbindung ist. Dafür ist es einfach negativ geladen, da einbindig bzw. 7 Elektronen. Das C-Atom hat nun drei Bindungen bzw. 5 Elektronen, ist also einfach positiv geladen. So heben sich - und + auf und die Ladungen stimmen auf beiden Seiten überein: links 0, rechts + und -, was ebenfalls 0 ergibt. Diese Mesomeriestruktur ist durchaus wichtig und begründet die Elektrophilie des Carbonyl-C-Atoms.

Nehmen wir nun Aceton und Methanol als Beispiele für den Mechanismus zur Acetal-Bildung:

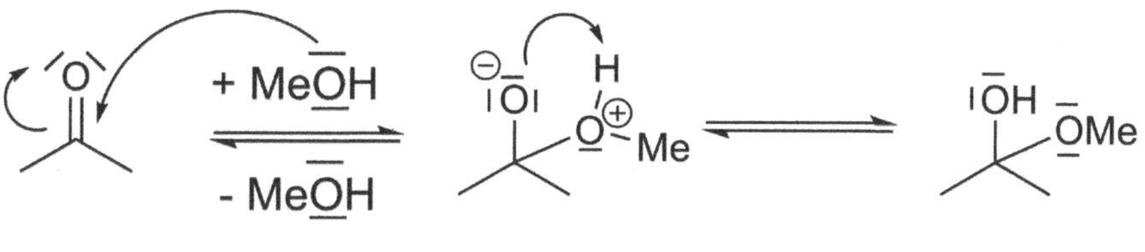

Es erfolgt ein nukleophiler Angriff ausgehend vom lone pair des O-Atoms der OH-Gruppe des Alkohols auf das Carbonyl-C-Atom. Die Elektronendichte fließt danach zum O-Atom des Aldehyds, da es am stärksten elektronegativ ist. Die Pfeile zeigen, dass nun:

1. das O-Atom ein neues, drittes lone pair bekommt (und da einfach gebunden bzw. 7 Elektronen → einfach negativ geladen)

2. eine neue Bindung (vom lone pair des O-Atoms des Alkohols) zwischen dem O-Atom des MeOH und dem Carbonyl-C-Atom entsteht. Das O-

Atom des Alkohols ist dreibindig bzw. hat 5 Elektronen, also einfach positiv geladen.

Diese Zwischenstufe ist geladen und somit instabil. Das negativ geladene O-Atom holt sich deswegen das eine H-Atom vom positiv geladenen O-Atom zu sich heran, somit heben sich die Ladungen auf.

Das Produkt nennt man Halb-Acetal. Warum „Halb-"? Weil eine freie OH-Gruppe zur Verfügung steht. Das H-Atom in ihr kann durch einen Alkylrest substituiert werden. Dies wäre der Übergang von Halb- zu Voll-Acetalen.

Um ein Voll-Acetal aus dem Halb-Acetal zu erhalten, wird die OH-Gruppe des Halb-Acetals erst einmal protoniert (vgl. Text und Mechanismus unten). Selbstverständlich wird das O-Atom jetzt einfach positiv geladen, da dreibindig. Bei der nächsten Etappe wird H_2O abgespalten. Die positive Ladung sitzt nun am Carbonyl-C-Atom, da es jetzt nicht mehr vier, sondern drei Bindungen hat. Nun kann diese positive Ladung leicht durch einen Alkohol angegriffen werden. Beim letzten Schritt vom Mechanismus spaltet man den benutzten Katalysator H^+ ab und es entsteht ein Voll-Acetal:

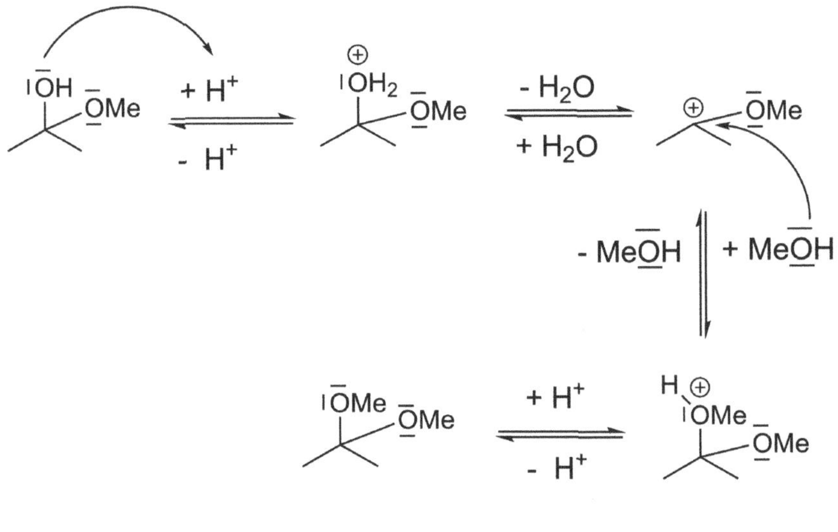

Man beachte, dass es sich bei der Acetal-Bildung um Gleichgewichtsreaktionen handelt! Das heißt, dass aus einem Halb-Acetal ein Aldehyd/Keton sowie ein Alkohol/Phenol erhalten werden kann bzw. aus einem Voll-Acetal ein Aldehyd/Keton und zwei (gleiche oder unterschiedliche) Alkohole/Phenole oder ein Alkohol und ein Phenol.

Oxidation und Reduktion

Diese Eigenschaften sind primär dem Kapitel *Alkohole* → primäre, sekundäre, tertiäre Alkohole zu entnehmen. Hier werden sie nur kurz der Vollständigkeit halber aufgeführt.

Aldehyde werden zu Säuren oxidiert (+ O) und zu primären Alkoholen reduziert (+ 2 H):

$$\underset{\text{prim. Alkohol}}{\overset{H}{\underset{R}{\overset{|}{\text{H—C—OH}}}}} \underset{\text{[Red.]}}{\overset{\text{[Ox.]}}{\rightleftharpoons}} \underset{\text{Aldehyd}}{\overset{O}{\underset{R}{\overset{\|}{\text{C}}}}\text{—H}} \overset{\text{[Ox.]}}{\longrightarrow} \underset{\text{Säure}}{\overset{O}{\underset{R}{\overset{\|}{\text{C}}}}\text{—OH}}$$

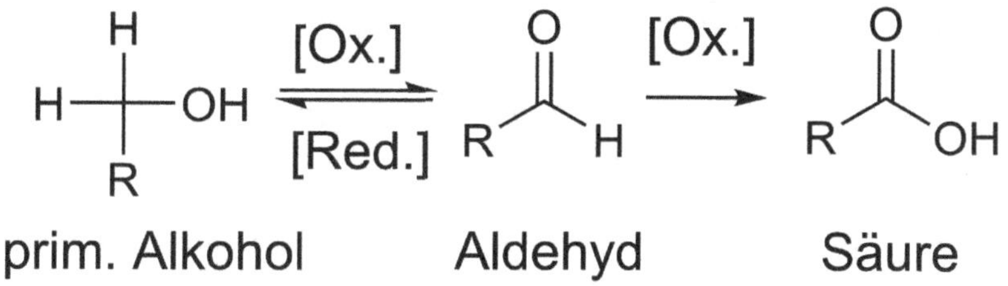

Ketone können **nicht** oxidiert werden. Sie werden zu sekundären Alkoholen reduziert (+ 2 H):

$$\underset{\text{sek. Alkohol}}{\overset{R}{\underset{R}{\overset{|}{\text{H—C—OH}}}}} \underset{\text{[Red.]}}{\overset{\text{[Ox.]}}{\rightleftharpoons}} \underset{\text{Keton}}{\overset{O}{\underset{R}{\overset{\|}{\text{C}}}}\text{—R}}$$

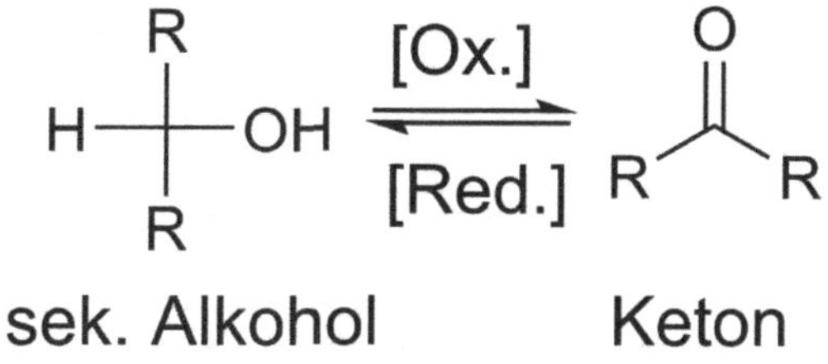

Enolat-Bildung

Aldehyde und Ketone (und andere Carbonylverbindungen, z. B. Ester) bilden mit Basen Enolate. Nehmen wir das Butanal als Beispiel:

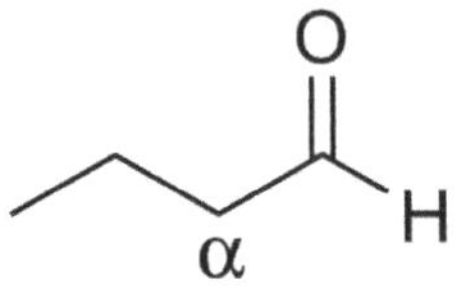

Wir möchten uns an dieser Stelle mit dem Begriff α-C-Atom beschäftigen. Das α-C-Atom in einem Aldehyd ist das C-Atom, welches am nächsten zur Formyl-Gruppe steht, also das zweite C-Atom. Die H-Atome am α-C-Atom sind azide, also sauer, und werden demnach leicht von Basen abgespalten:

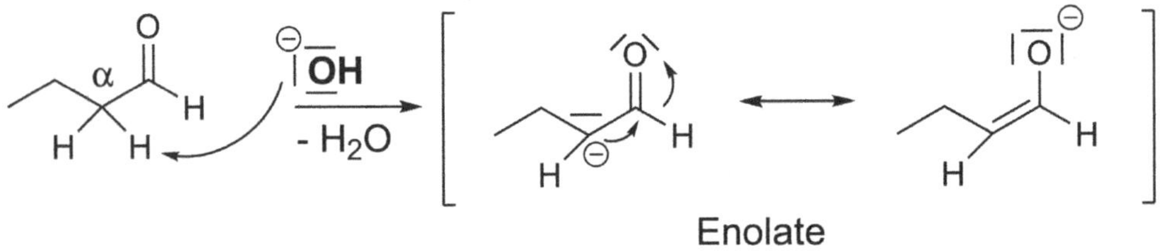

Die Base, z.B. OH^-, spaltet ein H-Atom der α-Position ab und bindet dieses. Somit entsteht H_2O. Das Produkt hat an der α-Position ein H-Atom weniger, also ein einziges H-Atom anstelle von zwei wie am Anfang, da ein H-Atom von der Base weggenommen wurde. Dieses C-Atom hat nun 5 Elektronen. Deswegen trägt es eine negative Ladung.

An dieser Stelle muss unaufgefordert eine mesomere Grenzstruktur formuliert werden. Man kann sich merken, dass bei der zweiten Grenzstruktur die Doppelbindung nicht zwischen dem Carbonyl-C und dem O-Atom (wie bei der ersten) steht, sondern zwischen dem α-C und dem Carbonyl-C. Da nun das O-Atom einfach gebunden ist, sitzt die negative Ladung an ihm. (Möchte man den Sinn dahinter verstehen, beachte man Folgendes: Die negative Ladung, also die Nucleophilie, sitzt am α-C-Atom bei der ersten Mesomeriestruktur. Die Elektronendichte fließt dann zum Carbonyl-C-Atom, da es teilweise elektrophile Eigenschaften hat. Somit entsteht erst einmal eine zweite Bindung zwischen dem α-C-Atom und dem Carbonyl-C-Atom. Die Elektronendichte wird im Endeffekt vom O-Atom angezogen, da es das elektronegativste Element in der Verbindung ist. Der Pfeil zeigt, dass die C=O-Doppelbindung aufgelöst wird und die zweite Bindung zum O-Atom hochsteigt als neues, drittes lone pair.)

Bei einem Keton verläuft die Reaktion identisch, z. B. beim Aceton. Dabei ist es natürlich egal, welches der beiden End-C-Atome als α bezeichnet wird, da das Molekül symmetrisch ist:

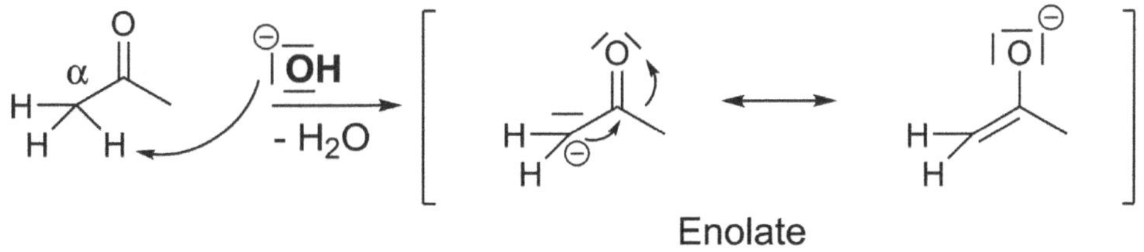

Enolate

Woher kommt eigentlich der Name Enolat? Fangen wir mit Enol an. Ein Enol ist ein Alkohol („-ol") mit einer Doppelbindung („En-"). Die OH-Gruppe sitzt an einem der beiden C-Atome der Doppelbindung. Wenn ein solcher Alkohol deprotoniert wird (mit einer Base wie bei der Enolat-Bildung), entsteht ein „Salz" von ihm, also ein Enolat (vgl. Kapitel *Alkohole* → Alkoholate/Alkoxide):

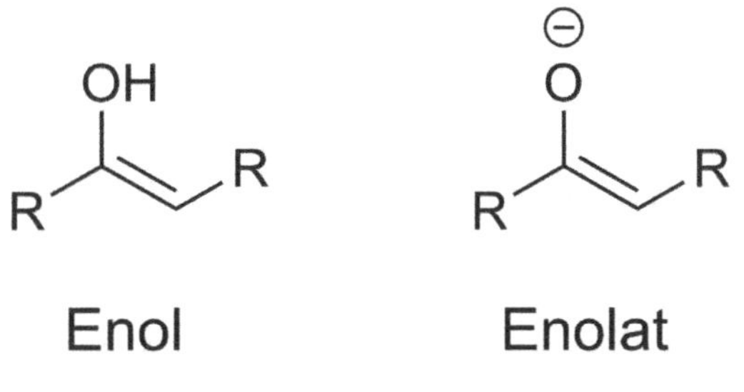

Enol   **Enolat**

Keto-Enol-Tautomerie

Diesen Prozess beobachtet man ausschließlich bei Ketonen. Wie der Name schon sagt, liegt ein Gleichgewicht zwischen der Keto- und Enol-Form vor. Man sollte sich merken, dass das Gleichgewicht generell extrem auf der Keton-Seite liegt. Nehmen wir das Aceton als Beispiel:

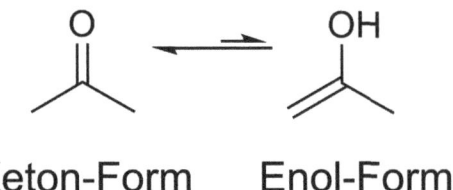

Keton-Form   Enol-Form

Um seine Enol-Form zu formulieren, muss man lediglich die Doppelbindung verschieben und zwar von ihrer ursprünglichen Position (in der Keto-Form) zwischen dem Carbonyl-C und O-Atom zur Position zwischen dem Carbonyl-C-Atom und dem α-C-Atom. Wenn man durchzählt, stellt man fest, dass am α-C-Atom nun ein H-Atom weniger wegen der Doppelbindung steht. Dieses H-Atom „geht" zum O und es entsteht eine OH-Gruppe. Das muss auch so sein, damit im Endeffekt ein Enol entsteht, denn eine OH-Gruppe muss an einem der C-Atome der Doppelbindung sitzen.

Zusammengefasst heißt es: Keton zu Enol, indem:

1. Doppelbindung zwischen Carbonyl-C-Atom und α-C-Atom

2. H-Atom zum O-Atom $\rightarrow$ OH.

Vorsicht: Am Anfang sieht es verlockend aus, bei der Enol-Form lediglich Schritt 1 zu befolgen. Danach tendiert man dazu, zum einfach gebundenen O-Atom nur eine negative Ladung zu schreiben. Dies wäre falsch, denn:

1. So läge ein Enolat — **kein** Enol — vor

2. Die negative Ladung müsste nicht nur auf der rechten Seite vorhanden sein, sondern auch auf der linken Seite. Links gibt es aber gar keine Ladung! (vgl. mit Enolat-Bildung hier keine Base)

3. Die Anzahl der H-Atome würde auf beiden Seiten der Gleichung nicht übereinstimmen!

Die Keto-Enol-Tautomerie ist aus biologischer Sicht wichtig, da manche DNA-Basen Oxo-Funktionen besitzen. Liegen diese Gruppen nicht in der Keto-, sondern in der Enol-Form vor, kann es zu Mutationen kommen.

Tollens-Probe

Mithilfe der Tollens-Probe unterscheidet man zwischen Aldehyden und Ketonen. Eine positive Tollens-Probe gibt es nur bei Aldehyden. Dabei reagiert ein Aldehyd mit dem Diamminsilber-Komplexion in alkalischer Lösung. Das Aldehyd wird somit zur entsprechenden Säure oxidiert, es entsteht außerdem Elementarsilber, welches sich an den Wänden des Gefäßes ablagert, weshalb aus diesem Grund die Reaktion auch Silberspiegel genannt wird:

$$R-CHO + 2\,[Ag(NH_3)_2]^+ + 2\,OH^- \rightarrow R-COOH + 2\,Ag + 4\,NH_3 + H_2O$$

Kapitel 15

Carbonsäuren

Lernziele

- Nomenklatur und Isomerie der Carbonsäuren

- wichtige Trivialnamen von Carbonsäuren und Carboxylaten

- Ester: Nomenklatur, Bildung, Hydrolyse (sauer und basisch)

Carbonsäuren haben im Molekül mindestens eine Carboxy-Gruppe -COOH. Die Carboxy-Funktion ensteht durch die Oxidation der Formyl-Funktion von Aldehyden, die ihrerseits durch die Oxidation von primären Alkoholen entsteht:

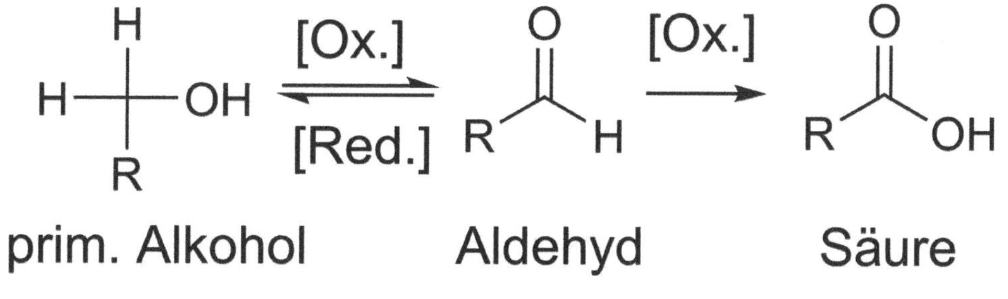

$$\underset{\text{prim. Alkohol}}{H-\underset{R}{\overset{H}{\underset{|}{C}}}-OH} \underset{\text{[Red.]}}{\overset{\text{[Ox.]}}{\rightleftharpoons}} \underset{\text{Aldehyd}}{R-\overset{O}{\overset{\|}{C}}-H} \overset{\text{[Ox.]}}{\rightarrow} \underset{\text{Säure}}{R-\overset{O}{\overset{\|}{C}}-OH}$$

Homologe Reihe und Nomenklatur der Carbonsäuren

Die homologe Reihe der Alkansäuren beginnt mit der Ameisensäure. Sie hat lediglich ein H-Atom als Rest. Da im Molekül ein C-Atom vorkommt (von der Carboxy-Gruppe), hat sie den systematischen Namen (nach IUPAC) Methansäure:

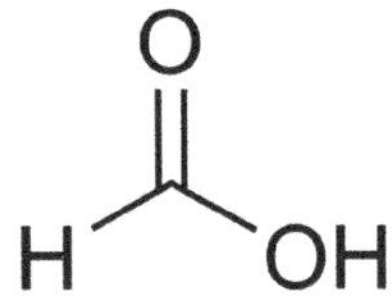

$$\underset{H}{}\overset{O}{\underset{\|}{C}}-OH$$

Der zweite Vertreter ist die Essigsäure (Ethansäure, da 2 C-Atome):

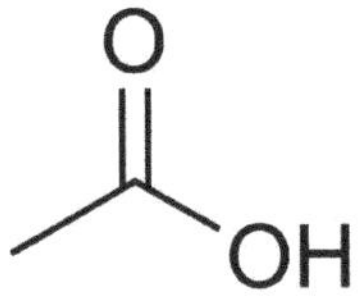

$$CH_3-\overset{O}{\underset{\|}{C}}-OH$$

Im Molekül der Propionsäure gibt es drei C-Atome, deswegen lautet der IUPAC-Name Propansäure:

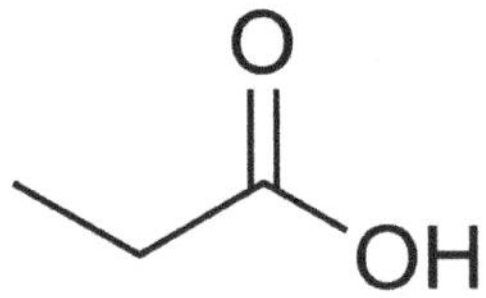

$$CH_3-CH_2-\overset{O}{\underset{\|}{C}}-OH$$

Danach folgt die Butansäure (Buttersäure):

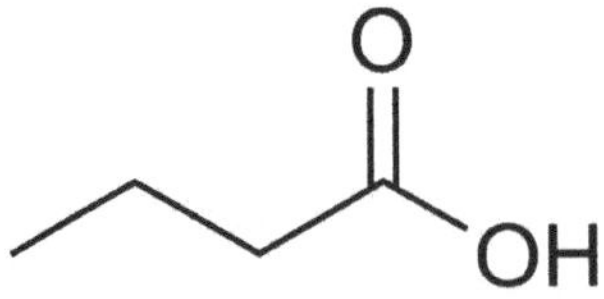

$$CH_3-CH_2-CH_2-\overset{O}{\underset{\|}{C}}-OH$$

Kapitel 15. Carbonsäuren

Nun möchten wir folgende Verbindung benennen:

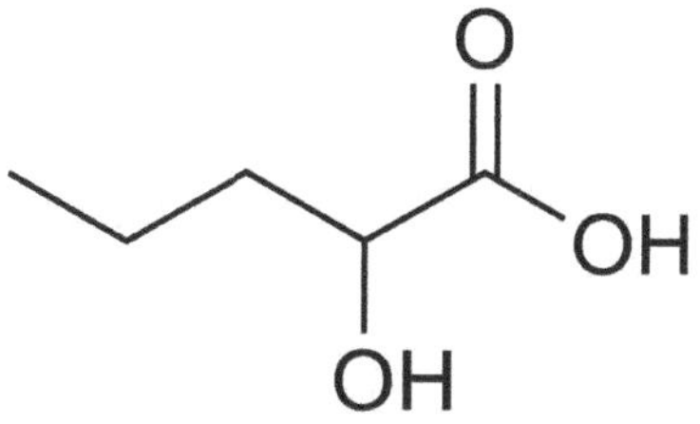

[Strukturformel: 2-Hydroxypentansäure]

1. Anzahl der C-Atome in der längsten C-Kette (inklusive des C-Atoms der Carboxy-Funktion!): 5 → Pent-

2. Konnektivität (= wie sind sie verbunden) der C-Atome in der längsten Kette: Einfache Bindungen → -an (wegen Alkan)

3. Da im Molekül eine Carboxy-Funktion (Säure-Funktion) vorkommt und weil sich aus den ersten beiden Punkten der Name Pentan ergibt → Pentansäure

4. Funktionelle Gruppen in der längsten Kette? Prinzipiell sollte man lediglich in der Lage sein, unverzweigte Carbonsäuren zu benennen. Manchmal sitzt aber eine OH-Gruppe an einem C-Atom, genau wie bei unserem Beispiel. In unserem Fall muss man berücksichtigen, dass sie am 2. C-Atom hängt (das C-Atom der Carboxy-Funktion ist immer die Nummer 1), deswegen **2-Hydroxy** am Anfang des Namens. Da die Hydroxygruppe am α-C-Atom sitzt (s. Kapitel *Aldehyde und Ketone* zum α-C-Atom → bei Säuren identisch wie bei Aldehyden), kann man anstelle von „2" auch „α" benutzen, also „α-Hydroxy".

5. Insgesamt ergibt das also 2-Hydroxypentansäure, was gleichbedeutend ist zu α-Hydroxypentansäure.

Es ist bestimmt aufgefallen, dass viele Carbonsäuren auch Trivialnamen

(Ameisensäure, Essigsäure, Propionsäure, Buttersäure etc.) haben, die gerne in der Praxis benutzt werden. In Prüfungen ist grundsätzlich außer der bereits in diesem Kapitel erwähnten Trivialnamen noch die Milchsäure (2-Hydroxypropansäure / α-Hydroxypropansäure) relevant:

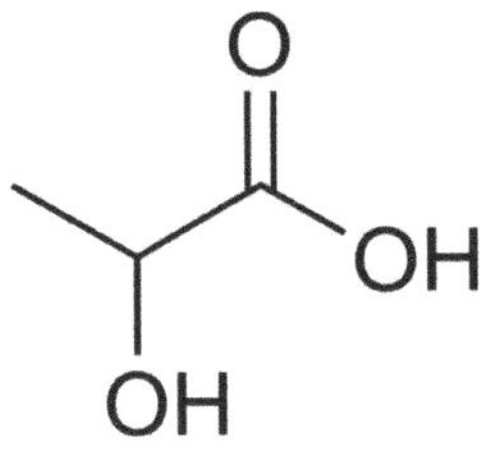

Konstitutionsisomerie der Carbonsäuren

Ab der Buttersäure (Butansäure) beobachtet man Konstitutionsisomerie. Das erste Isomer ist die *normale* (d. h. unverzweigte) Butansäure:

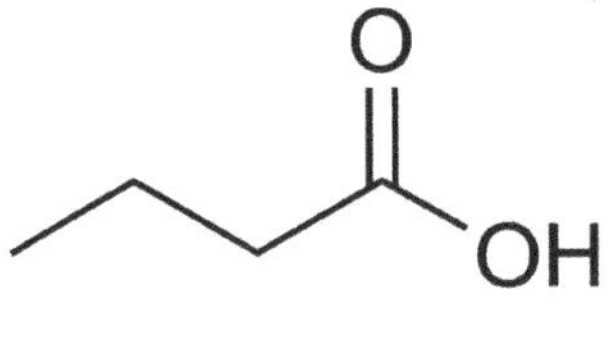

Für das nächste Konstitutionsisomer muss man die C-Kette um ein C-Atom verkürzen. Man beachte, dass die Carboxy-Gruppe immer am 1. C-Atom sitzt! So erhält man eine Dreier-C-Kette. Die Methyl-Funktion kann offenbar lediglich am 2. C-Atom sitzen, da am 1. C-Atom die Carboxy-Gruppe sitzt:

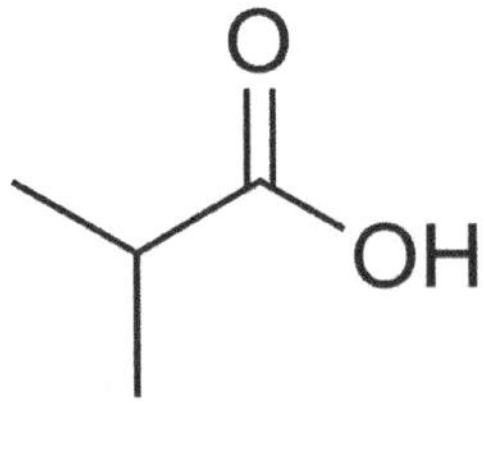

Der Name der Substanz ergibt sich aus folgenden Überlegungen (vgl. Nomenklatur 2-Hydroxypentansäure am Anfang des Kapitels):

1. Die längste Kette besteht aus 3 C-Atomen → Prop-

2. Die C-Atome sind durch einfache Bindungen miteinander verknüpft → -an (wegen Alkan)

3. Es handelt sich demnach um eine Propansäure, da eine COOH-Gruppe (...-säure) vorhanden ist

4. Am 2. C-Atom sitzt noch eine Methylgruppe → 2-Methyl-

5. Insgesamt: 2-Methylpropansäure (α-Methylpropansäure).

Hier sind der Vollständigkeit halber alle Konstitutionsisomere der Pentansäure aufgelistet. Ihr könnt sie erst einmal selber zeichnen und benennen. Danach habt ihr die Möglichkeit zu überprüfen, ob ihr richtig gearbeitet habt:

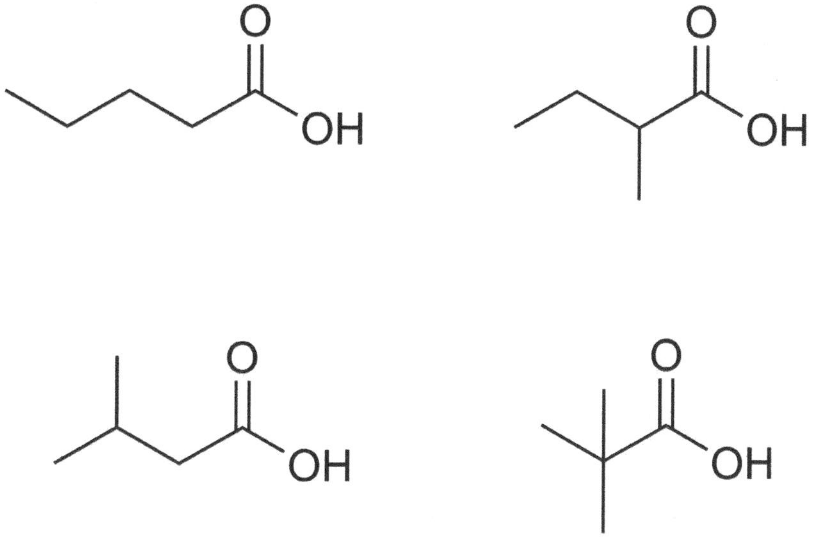

Die Namen der Isomere lauten (von links nach rechts): Pentansäure, 2-Methylbutansäure, 3-Methylbutansäure, 2,2-Dimethylpropansäure.

Chemische und physikalische Eigenschaften der Carbonsäuren

Das Charakteristikum der Carbon**säuren** ist, dass sie sauer reagieren. Genau wie die anorganischen Säuren, deprotonieren auch Carbonsäuren in Wasser. Das heißt, dass sie zu Wasserstoffkationen (Oxonium-Ionen) und Anionen dissoziieren:

$$R-COOH + H_2O \longrightarrow R-COO^- + H_3O^+$$

Das gebildete Anion R-COO$^-$ ist das Salz der jeweiligen Säure. Der allgemeine Name lautet Carboxylat, eine Tatsache, die man sich für die Klausur definitiv merken sollte.

Die konkreten Namen der Carboxylate ergeben sich, indem man:

1. den Namen der Säure angibt, z. B. Methansäure

2. die Endung „-*säure*" weglässt → es verbleibt noch „Methan"

3. daran ein „-*oat*" hängt, also insg.: Methanoat für HCOO$^-$

4. H$_3$C-COO$^-$ heißt demnach Ethanoat, H$_3$C-CH$_2$-COO$^-$ Propanoat etc.

Die Carboxylate der ersten drei Alkansäuren haben wichtige Trivialnamen, die mindestens genauso relevant wie die Nomenklaturnamen sind und viel häufiger benutzt werden: Formiat (Methanoat), Acetat (Ethanoat), Propionat (Propanoat). Die Trivialnamen muss man auswendig lernen, denn sie sind hochgradig klausurrelevant!

Bezüglich der Struktur lässt sich sagen, dass das Carboxy-C-Atom sp^2-hybridisiert ist und folglich die Struktur planar vorliegt (ungefähr 120 °). Die Carboxyfunktion ist deutlich polarer als andere Carbonyle wie z. B. Aldehyde und Ketone, da hier anstelle eines H-Atoms (bei Aldehyden) bzw. Alkyl-Rests (bei Ketonen) eine OH-Gruppe direkt am Carboxy-C-Atom gebunden ist. In wässrigen Lösungen (und Essigsäure in Gasphase) bilden Carbonsäuren Wasserstoffbrücken-Bindungen untereinander aus und liegen bevorzugt als Dimere vor.

Kapitel 15. Carbonsäuren

Carbonsäuren können — genau wie die anorganischen Säuren — Anhydride (Anhydrid — „*ohne Wasser*") bilden. Das Prinzip ist ähnlich wie bei den anorganischen Säuren. Zwei Äquivalente einer bestimmten Carbonsäure reagieren miteinander. Vom einen Äquivalent wird die OH-Gruppe der Carboxy-Funktion abgespalten, vom anderen lediglich das H-Atom der OH-Gruppe der Carboxy-Gruppe. Somit entsteht Wasser (von den abgespaltenen H und OH) und die beiden Moleküle verbinden sich:

$$R-C(=O)-OH \; + \; HO-C(=O)-R \; \xrightarrow{-H_2O} \; R-C(=O)-O-C(=O)-R$$

Anhydridbildung (Bei z. B. R = CH$_3$ liegt Essigsäureanhydrid vor.)

Es besteht natürlich auch die Möglichkeit, ein „Hetero"-Säureanhydrid bilden zu lassen, indem man zwei unterschiedliche Säuren (z. B. Ethan- und Propansäure) benutzt. Das Prinzip ist aber absolut gleich, es unterscheiden sich lediglich die Reste. Bei anorganischen Säuren funktioniert die Anhydrid-Bildung übrigens analog. Wichtig ist hierbei, dass die jeweilige(n) Säure(n) OH-Gruppen enthalten muss/müssen, damit Wasser abgespalten werden kann. Wir brauchen also eine Oxosäure, z. B. H$_2$SO$_4$:

$$HO-S(=O)_2-OH \; + \; HO-S(=O)_2-OH \; \xrightarrow{-H_2O} \; HO-S(=O)_2-O-S(=O)_2-OH$$

Die gebildete Verbindung kann man als Dischwefelsäure bezeichnen.

Ester

Eine andere Eigenschaft, typisch für Carbonsäuren, ist die Ester-Bildung. Die allgemeine Strukturformel der Ester lautet:

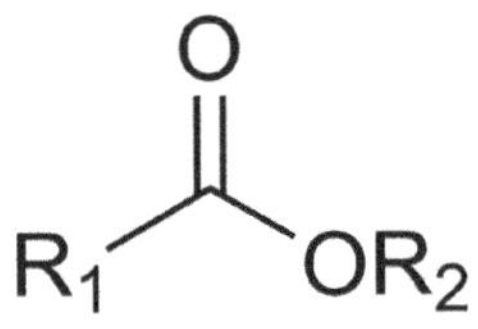

$$\underset{R_1 \quad\quad OR_2}{\overset{O}{\|}}$$

Ein Ester entsteht, wenn eine Säure mit einem Alkohol reagiert. Der Einfachheit halber kann man sich schematisch vorstellen, dass die OH-Gruppe der Carboxy-Gruppe der Carbonsäure sowie das H-Atom der OH-Gruppe des Alkohols abgespalten werden. Es entsteht Wasser und ein Ester wird gebildet:

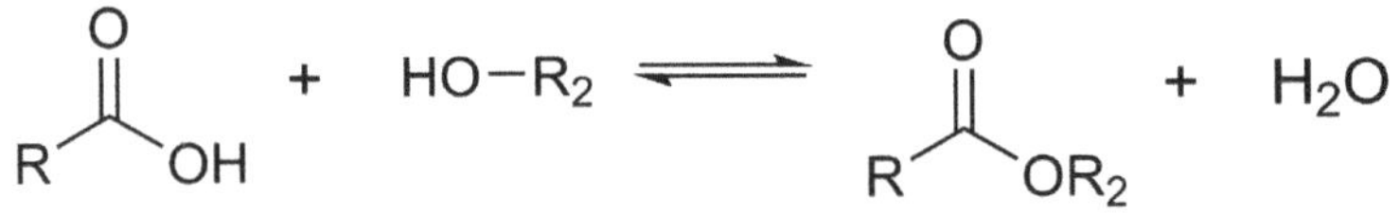

$$R-COOH + HO-R_2 \rightleftharpoons R-COOR_2 + H_2O$$

Natürlich können (müssen aber nicht) R_1 und R_2 zwei unterschiedliche Reste sein.

Bevor wir uns dem Mechanismus der Reaktion widmen, erst einmal die Nomenklatur. Nehmen wir diesen Ester als Beispiel:

$$CH_3-COOEt \qquad CH_3-COO-CH_2CH_3$$

(Man beachte zunächst, dass es sich um ein und dieselbe Verbindung handelt! Es ist natürlich gleichgültig, ob der Ethylrest als *Et* dargestellt wird oder mit Zickzacklinien.)

Kapitel 15. Carbonsäuren

I. Nomenklatur zur Benennung von Estern:

1. Man benennt die Säure, aus der das Ester entsteht. Gerade am Anfang lohnt es sich, die Übersichtsgleichung zur Esterbildund (s.o.) kurz aufzuschreiben und zu überlegen, welche C-Atome im Estermolekül von der Säure stammen:

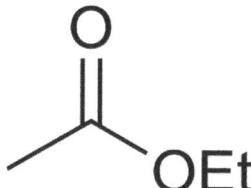

Es handelt sich offenbar um die Essigsäure (Ethansäure), da 2 C-Atome.

2. Man benennt den Alkyl-Rest aus dem Alkohol-Teil. In unserem Beispiel besteht er aus zwei C-Atomen, die mit einer einfachen Bindung miteinander verknüpft sind, es handelt sich also um den Ethylrest.

3. Man vereinigt Punkt 1 mit Punkt 2 und hängt am Ende des Namens das Wort *„Ester"* daran:

4. Essigsäureethylester (Ethansäureethylester).

II. Nomenklatur zur Benennung von Estern:
Wir benutzen weiterhin den oben abgebildeten Ester.

1. Man benennt den Alkylrest aus dem Alkohol-Teil → Ethyl (s. Punkt 2 der I. Nomenklatur).

2. Man benennt das Carboxylat der Säure, aus der der Ester entsteht. Da dieser Ester aus der Essigsäure (Ethansäure) entstanden ist, heißt das

Carboxylat Acetat (Ethanoat). (Zur Nomenklatur der Carboxylate s. Anfang des Kapitels.)

3. Man vereinigt Punkt 1 mit Punkt 2: Ethylacetat (Ethylethanoat).

Wird man in einer Prüfung aufgefordert, einen bestimmten Ester zu benennen, bleibt es einem überlassen, welche Nomenklatur man benutzen möchte. Es ist allerdings wichtig, dass man sich mit beiden auskennt und beide anwenden kann, da Aufgaben vorkommen, in denen ausgehend vom angegebenen Namen die Strukturformel des Ester gezeichnet werden muss.

Hier sind die Formeln einiger weiterer Ester mit den jeweiligen Namen dargestellt. Als Übung könnt ihr die Verbindungen selber benennen, sowie die Namen benutzen, um die Strukturformeln zu zeichnen. Anschließend könnt ihr jeweils die Namen bzw. die Formeln vergleichen, um zu überprüfen, ob ihr das Prinzip verstanden habt:

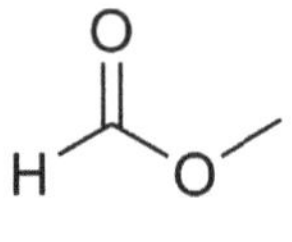

Methansäuremethylester
Methylformiat

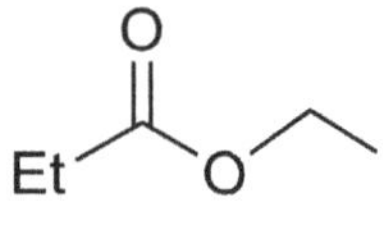

Propansäureethylester
Ethylpropanoat

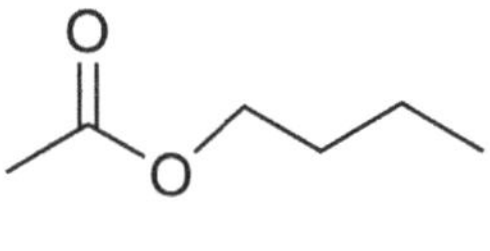

Ethansäurebutylester
Butylacetat

Nun zum **Mechanismus** der Esterbildung:

Kapitel 15. Carbonsäuren

$$\underset{R}{\overset{O}{\parallel}}\!\!-\!\!OH \;\; \underset{-H^+}{\overset{+H^+}{\rightleftharpoons}} \;\; R\!-\!\overset{\bar{O}H}{\underset{OH}{\overset{|}{C^\oplus}}} \;\; \underset{-R_2OH}{\overset{+R_2\bar{O}H}{\rightleftharpoons}} \;\; R\!-\!\overset{\bar{O}H}{\underset{\bar{O}H}{\overset{|}{C}}}\!\!-\!\!\overset{R_2}{\underset{H}{\overset{O^\oplus}{|}}}$$

$$\underset{R}{\overset{O}{\parallel}}\!\!-\!\!OR_2 \;\; \underset{-H^+}{\overset{+H^+}{\rightleftharpoons}} \;\; R\!-\!\overset{\bar{O}H}{\underset{\oplus}{\overset{|}{C}}}\!\!-\!\!O\!-\!R_2 \;\; \underset{-H_2O}{\overset{+H_2O}{\rightleftharpoons}} \;\; R\!-\!\overset{\bar{O}H}{\underset{\overset{\bar{O}H_2}{\oplus}}{\overset{|}{C}}}\!\!-\!\!O\!-\!R_2$$

Das Carboxy-C-Atom ist zwar ein Carbonyl-C-Atom, im Unterschied zu den Aldehyden und den Ketonen ist aber die Elektrophilie an ihm nicht so stark ausgeprägt, sodass ein Nukleophil sofort angreifen könnte. Deswegen muss dieses C-Atom elektrophiler/positiver gemacht werden, mithilfe von H^+ als Katalysator. Dann erfolgt die nucleophile Attacke des Alkohols auf dieses Atom.

Bei der nächsten Etappe muss man sich merken, dass eine Umprotonierung stattfindet. Dies bedeutet, dass die Position des H-Atoms aus dem Alkohol seine Position wechselt und zwar zu einer der beiden OH-Gruppen. Es ist gleichgültig, welche OH-Gruppe ausgewählt wird, da sie beide identisch sind und am selben C-Atom sitzen. Da nun das O-Atom vom Alkoholteil zwei Bindungen hat, entfällt seine positive Ladung. Sie ist jetzt am O-Atom, welches eben protoniert worden ist, aufgrund seiner Dreibindigkeit vorhanden. Jetzt wird Wasser eliminiert und zwar direkt vom protonierten O-Atom. An dieser Position ist ein O mit zwei an ihm sitzenden H-Atomen vorhanden, also ein Wassermolekül innerhalb der Zwischenstufe. H_2O wird zwar abgespalten, allerdings hat es als freies Molekül keine positive Ladung mehr, da das O-Atom zwei Bindungen hat und nicht mehr drei. Dies bedeutet, dass die positive Ladung woanders stehen sollte. Man erkennt, dass das C-Atom eine Bindung (die C-O-Bindung) verloren hat und somit drei Bindungen bzw. nur 3 anstelle von 4 Elektronen besitzt. Deswegen sitzt die positive Ladung an ihm.

Beim letzten Schritt der Esterbildung wird der Katalysator eliminiert. Man erinnere sich an das Prinzip: Am Anfang +Kat., am Ende -Kat. Das ist immer gültig, wenn Katalysatoren eingesetzt werden! Es wird das H-Atom von der OH-Gruppe (als H^+) abgespalten. Somit entsteht die C-O-Doppelbindung und man erhält einen Ester.

Nun wollen wir uns mit der **Esterhydrolyse** beschäftigen. Hydrolyse ist generell eine Reaktion, bei der eine chemische Verbindung mithilfe von Wasser abgespalten wird. Dabei entstehen die Ausgangsprodukte, die an der zu spaltenden Verbindung beteiligt sind. Dies kann etwas schwierig klingen, deswegen die prinzipielle Übersichtsgleichung:

A-B + H-OH $\rightleftharpoons$ A-H + B-OH

oder

A-B + H-OH $\rightleftharpoons$ A-OH + B-H

Bei Estern wird die Ester-Bindung gespalten, wobei die jeweilige Säure und der jeweilige Alkohol entstehen, die den Ester gebildet haben. So kann man die Esterhydrolyse (insbesondere die saure Hydrolyse, s. u.) als die Rückreakion der Esterbildung auffassen.

Die Esterhydrolyse ist sowohl im Sauren als auch im Basischen möglich. Die **saure** Hydrolyse ist einfacher. Allgemein lautet sie:

$$\underset{R}{\overset{O}{\parallel}}{-}OR_2 + H_2O \rightleftharpoons \underset{R}{\overset{O}{\parallel}}{-}OH + HO{-}R_2$$

Sie ist also die genaue Rückreaktion der bekannten Ester-Bildung. Ihr Mechanismus ist ebenfalls einfach, denn es muss eigentlich gar nichts Neues gelernt werden, vorausgesetzt, dass man den Mechanismus der Esterbildung bereits kennt. Dies liegt daran, dass hierbei lediglich die Rückreaktionen verfolgt werden müssen, ausgehend vom jeweiligen Ester, bis man die entsprechende Säure und den entsprechenden Alkohol erhält. Das ist also der oben gesehene Mechanismus genau rückwärts!

Die **basische** Hydrolyse ist im Gegensatz dazu ein neuer Mechanismus. Man sollte sich außerdem merken, dass sie Verseifung genannt wird und **keine** Umkehrreaktion darstellt! Da sie, wie der Name sagt, im Basischen abläuft, werden in der Praxis Kalilauge KOH oder Natronlauge NaOH als starke Laugen eingesetzt:

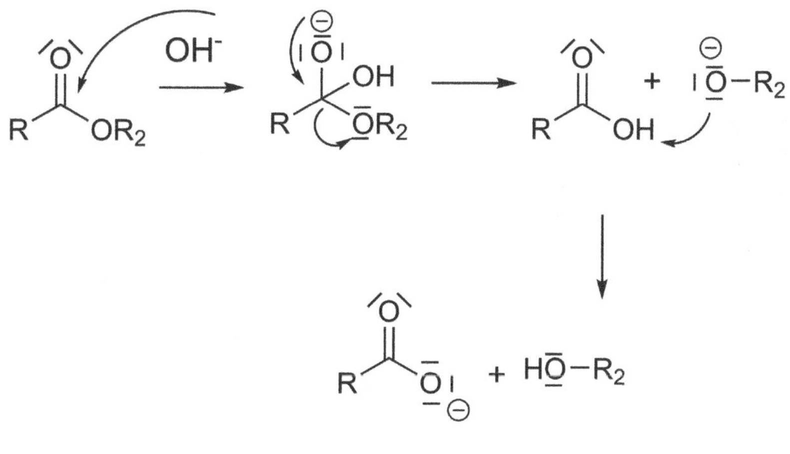

Beim ersten Schritt erfolgt die nukleophile Attacke der OH⁻-Ionen auf das Carbonyl-C-Atom. Dieses Atom ist bei Estern (genau wie bei Aldehyden und Ketonen) elektrophil, aufgrund der Mesomeriesruktur, vgl. Kapitel *Aldehyde und Ketone*:

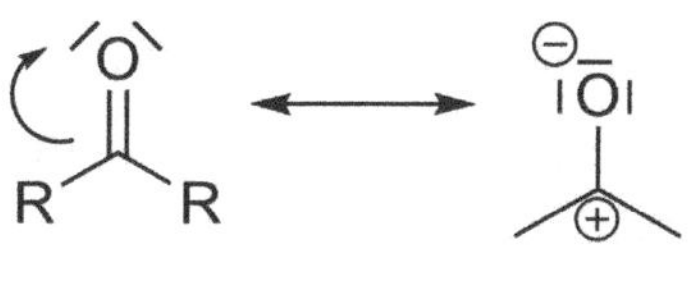

Nun fließt die Elektronendichte ausgehend von der negativen Ladung des O-Atoms erst einmal zum elektrophilen Carbonyl-C-Atom. Also - zu +. Dieses C-Atom wird übrigens „verstecktes Carbonyl-C-Atom" genannt, da es nicht klassisch wie ein Carbonyl-C-Atom mit der C=O-Doppelbindung aussieht.

Es gibt jetzt prinzipiell drei Möglichkeiten: Die Elektronendichte kann zur C-Kette fließen (R), zur OH-Gruppe oder zum O-Atom vom Ester-Teil. Die erste Variante würde keinen Sinn ergeben, da der R keineswegs elektronegativ ist, sondern lediglich aus C- und H-Atomen besteht (oder aus einem einzigen H-Atom, wenn es sich um ein Ester der Ameisensäure handelt). Die zweite Option ist ebenfalls nicht logisch, da sonst die OH-Gruppe abgespalten werden müsste, obwohl man sie gerade eben hinzugefügt hat. (Außerdem ist OH^- eine schlechte Abgangsgruppe.)

Deswegen fließt die Elektronendichte zum O-Atom vom Ester-Teil. Das Pfeilchen zeigt, dass die C-O-Bindung dadurch aufgelöst wird, dass das Elektronenpaar zum O-Atom übergeht, welches nun drei lone pairs hat. Da nun ^-O-R_2 als eigenständiges Teilchen vorhanden ist, eine einzige Bindung bzw. drei lone pairs besitzt, ist es einfach negativ geladen. Man nennt es Alkoholat bzw. Alkoxid (s. Kapitel *Alkohole*). Vom Alkohol entsteht also ein „Salz", bei dem das O-Atom negativ geladen ist, deswegen -at (wie beim Carbonat, Phosphat, Sulfat etc. → negativ geladene Sauerstoff-Atome). Man kann das Teilchen ebenfalls als ein „Oxid" des Alkohols auffassen, deswegen Alkoxid. Demnach hieße MeO^- Methanolat bzw. Methoxid. EtO^- Ethanolat bzw. Etoxid etc. Es lohnt sich für Prüfungen durchaus, sich diese Nomenklatur gut einzuprägen!

Bei der letzten Etappe greift das Alkoholat das saure Proton der entstandenen Säure an. Dies liegt daran, dass das Alkoholat sehr instabil aufgrund seiner negativen Ladung ist und in freier Form kaum existieren kann. So entsteht ein ausgeglichener Alkohol und ein Carboxylat, also das Salz der Säure. Carboxylate können mesomerstabilisiert werden und sind deswegen trotz der negativen Ladung stabil. Dies bedeutet, dass die negative Ladung sich an unterschiedlichen Positionen aufhalten kann und somit die Struktur als Ganzes stabilisiert wird.

An dieser Stelle wird darauf verzichtet, die Carbonsäuren-Derivate (Chloride, Amide etc.) zu behandeln. Dies leigt daran, dass dieser Stoff für Mediziner zu spezifisch ist und wenn überhaupt, dann nur sehr obflächlich beherrscht werden muss.

Kapitel 16

Amine

Lernziele

- Nomenklatur und Isomerie der Amine

- basische Eigenschaften von Aminen im Vergleich

- wichtige Mechanismen mit Aminen

Primäre, sekundäre, tertiäre Amine

Amine können als Derivate (Abkömmlinge) des Ammoniaks NH$_3$ aufgefasst werden.

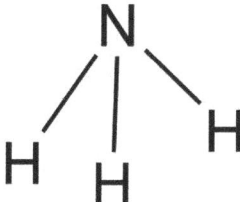

Jedes der drei H-Atome im Ammoniak-Molekül kann durch (Alkyl-/Aryl-)C-Ketten substituiert werden. Wenn **ein** einziges H-Atom durch einen Rest ersetzt wird, entsteht ein **primäres** Amin. Werden **zwei** H-Atome durch Reste substituiert, entsteht ein **sekundäres** Amin. Wenn alle **drei** H-Atome durch C-Ketten substituiert werden, handelt es sich um ein **tertiäres** Amin:

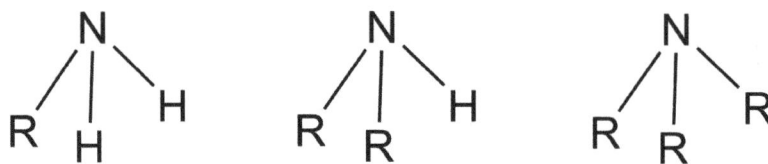

primäres, sekundäres und tertiäres Amin

Die Reste können bei sekundären und tertiären Aminen gleich oder unterschiedlich sein.

Hier werden konkrete Beispiele für ein primäres (Methylamin), sekundäres (Ethylmethylamin → alphabetische Anordnung der Reste, deswegen Ethyl vor Methyl) und tertiäres Amin aufgeführt:

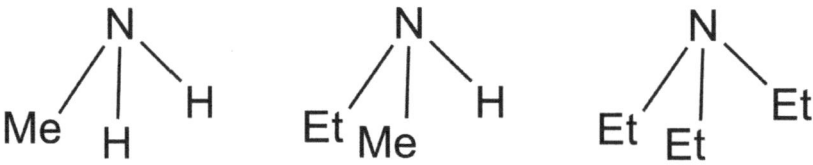

Methylamin (prim.), Ethylmethylamin (sek.), Triethylamin (tert.)

Homologe Reihe der Amine

Die homologe Reihe der (Mono-)Alkylamine beginnt mit dem Methylamin (Aminomethan). Der zweite Vertreter ist das Ethylamin (Aminoethan). Ab dem Propylamin (Aminopropan) beobachtet man Konstitutionsisomerie: Die Aminogruppe kann im Propylamin sowohl am 1. C-Atom sitzen (1-Aminopropan, 1-Propylamin) als auch am 2. C-Atom (2-Aminopropan, 2-Propylamin):

Kapitel 16. Amine

—NH₂
Aminomethan

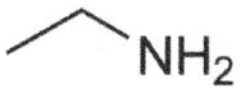

NH₂
Aminoethan

H₂N⌒⌒
1-Aminopropan

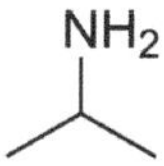

NH₂
2-Aminopropan

Hier werden alle konstitutionsisomeren Aminopentane aufgeführt. Ihr könnt sie gerne zur Übung erst einmal alleine zeichnen und benennen. Im Anschluss vergleicht ihr eure Isomere hiermit:

1-Aminopentan 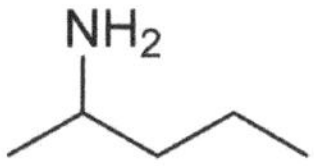   2-Aminopentan 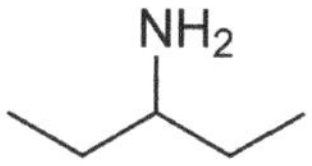   3-Aminopentan

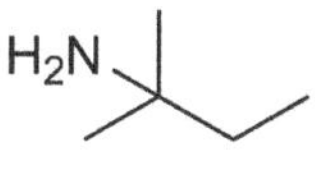

2-Amino-2-methylbutan 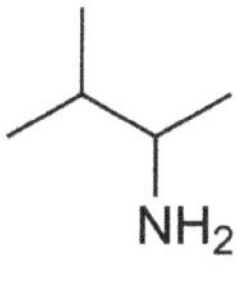   2-Amino-3-methylbutan

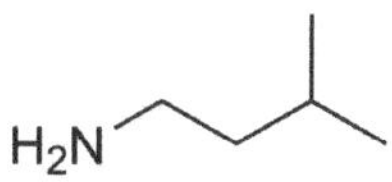

1-Amino-3-methylbutan 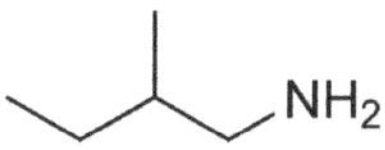   1-Amino-2-methylbutan

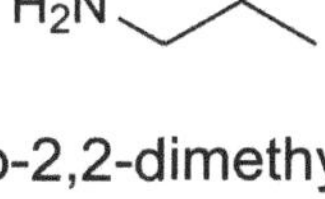

1-Amino-2,2-dimethylpropan

Von den aromatischen Aminen sollte man das einfachste davon kennen:

Anilin (Phenylamin, Aminobenzen)

Im Anilin-Molekül ist eines der drei H-Atome des Ammoniaks durch einen Phenyl-Rest (deswegen häufig als Ph-NH$_2$ dargestellt) substituiert. Oder andersherum: Im Benzen-Molekül ist eines der sechs H-Atome durch eine Aminogruppe substituiert.

Eigenschaften der Amine

Da Amine Abkömmlinge des Ammoniaks sind, besitzen sie am Stickstoff-Atom ein ungepaartes Elektronenpaar (lone pair). Dieses bedingt ihre nukleophilen Eigenschaften. Amine werden deshalb als organische Basen bezeichnet.

Alle Amine besitzen folglich eine gewisse Basizität und Nukleophilie. Deswegen sollte man sich mit den Unterschieden bezüglich dieser Eigenschaften zwischen Anilin (aromatisches Amin, Arylamin), Ammoniak (Grundsubstanz, aus der Amine hervorgehen) und Methylamin (Alkylamin) kurz auseinandersetzen. Die schwächsten basischen und nukleophilen Eigenschaften besitzt das Anilin. Aromatische Amine sind generell schwache Basen/Nukleophile, da der Aromatenring „elektronenziehende" Eigenschaften hat. Dies muss man nicht im Detail kennen. Es reicht aus, sich zu merken, dass das lone pair des N-Atoms teilweise im π-System des Aromaten delokalisiert wird. Das Ammoniak ist stärker basisch und nukleophil als die Arylamine, jedoch schwächer als die Alkylamine.

Kapitel 16. Amine

Reaktionen mit Aminen

Die **Aminal-Bildung** ist einer der beiden Mechanismen, mit denen man sich zum Thema Amine auskennen sollte. Aminale entstehen, wenn ein Aldehyd oder Keton (Elektrophil) mit einem Amin (Nukleophil) reagiert. Im Prinzip ist diese Reaktion der Acetal-Bildung recht ähnlich. Anstelle eines Alkohols/Phenols ist hier das Amin das Nukleophil, ansonsten ist alles identisch. Nehmen wir als Ausgangsverbindungen z. B. Aceton (Keton) und das Diethylamin und verdeutlichen so den Mechanismus:

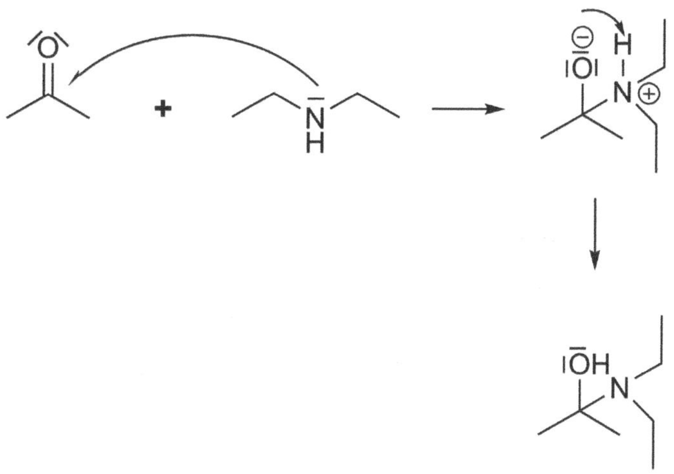

Das Carbonyl-C-Atom des Acetons ist das Elektrophil (s. Kapitel *Aldehyde und Ketone*). Nukleophile Eigenschaften besitzt hier das lone pair des Stickstoff-Atoms des Diethylamins. Demnach erfolgt der Angriff von diesem lone pair ausgehend auf das Carbonyl-C-Atom. Die Elektronendichte fließt im Endeffekt zum O-Atom des Ketons, da es am stärksten elektronegativ ist (vgl. Acetal-Bildung, Prinzip analog).

Die eine Bindung der C=O-Doppelbindung im Keton klappt nun zum O-Atom hoch, wo sie sich als neues, drittes lone pair aufhält. Somit wird das O-Atom einfach negativ geladen, da es nun 7 Elektronen hat (jeweils 2 von jedem der 3 lone pairs + 1 von der Bindung zum C-Atom). An das Carbonyl-C-Atom bindet außerdem direkt das N-Atom des Diethylamins mit seinem lone pair. Da nun das N-Atom vier Bindungen bzw. lediglich 4 Elektronen besitzt, wird es einfach positiv geladen.

Im zweiten Schritt greift das negativ geladene O-Atom ein H-Atom an, das am N-Atom sitzt, und bindet dieses. Somit werden die negative Ladung am O bzw. die positive Ladung am N aufgehoben. Im gebildeten Molekül gibt es nun keine Ladungen und es ist somit stabil. Es handelt sich um ein Halb-Aminal.

Theoretisch besteht nun die Möglichkeit, ein Voll-Aminal ausbilden zu lassen. Die Schritte sind mit denen, die zur Bildung eines Vollacetals aus einem Halbacetal führen, identisch. Der einzige Unterschied ist, dass hier ein Amin und kein Alkohol benutzt wird.

Eine weiterer wichtiger Mechanismus ist die Reaktion zwischen Epoxiden und Aminen. Das einfachste Epoxid (Oxiran, Ethylenoxid) entsteht durch die katalytische (Kat. Ag) Oxidation von Ethen:

$$= \; + \; O_2 \longrightarrow \triangle^O$$

Die beiden C-Atome im Epoxid-Molekül sind sehr gespannt, elektrophil und ständig bemüht, dem Zyklus zu entkommen bzw. zu einer offenkettigen, nicht-zyklischen Verbindung zu werden. Das lone pair eines Amins (bei unserem Beispiel Diethylamin) kann leicht eines der beiden C-Atome des Epoxids nukleophil angreifen:

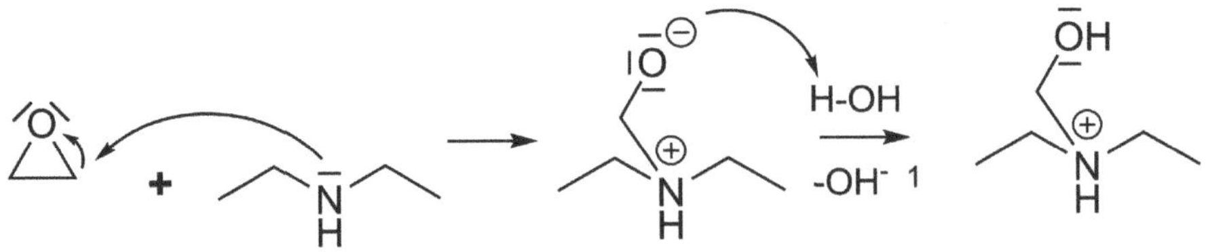

Die Elektronendichte wird im Endeffekt vom O-Atom angezogen, da es am stärksten elektronegativ ist. Das kleinere Pfeilchen zeigt, dass die C-O-Bindung aufgebrochen wird und zum O-Atom als neues, drittes lone pair übergeht. Das O-Atom besitzt nun 7 Elektronen (jeweils 2 von jedem der drei lone pairs + 1 von der C-O-Bindung) und ist somit einfach negativ geladen. Es entsteht außerdem eine neue Bindung (das lone pair des N-Atoms) zwischen dem attackierten C-Atom und dem N-Atom. Das N-Atom hat nun vier Bindungen bzw. 4 Elektronen, ist also einfach positiv geladen. Das gebildete Teilchen ist reaktiv und hat z. B. die Möglichkeit, Wasser zu deprotonieren, sich also ein Proton vom Wasser-Molekül heranzuholen. Zu diesem Mechanismus sollte man sich zudem merken, dass es sich um eine S_N2-Reaktion handelt, obwohl das nicht klassisch mit dem Übergangszustand etc. aussieht.

Die Reaktion von Epoxiden mit Nukleophilen ist biologisch bedeutsam. Epoxide entstehen im menschlichen Körper als Zwischenprodukte beim Abbau von polyzyklischen aromatischen Kohlenwasserstoffen. Die Nukleobasen der DNS fungieren als Amine in dieser Reaktion. So entstehen im Organismus DNS-Schäden, die im Laufe der Zeit zu Krebs führen können.

Kapitel 17

Stereochemie

Lernziele

- Bedeutung der Stereoisomere für die Praxis

- cis-/trans-Isomere vs. E-/Z-Isomere

- R-/S-Isomere (Cahn-Ingold-Prelog-System)

- D-/L-Isomere (Fischer-Projektionen)

- grundsätzlicher Aufbau von Monosacchariden und Aminosäuren

- Enantiomere, Diastereomere, Epimere

Die Stereochemie beschäftigt sich mit dem räumlichen Aufbau von Molekülen. Je nachdem wie die jeweiligen Atome bzw. Atomgruppen im Raum positioniert sind, ergeben sich unterschiedliche Verbindungen. Sie haben zwar den gleichen Inhalt, verhalten sich aber trotzdem in gewissen Aspekten (z. B. biologische Wirkung im menschlichen Organismus) unterschiedlich. Die Stereochemie umfasst die **Konstitution**, **Konformation** und **Konfiguration**.

Die **Konstitution**(sisomerie) haben wir bereits kennengelernt → s. Kapitel *Kohlenwasserstoffe* und Kapitel zu allen anderen organischen Stoffklassen.

Bei der **Konfiguration**(sisomerie) haben die jeweiligen Konfigurationsisomere die gleiche Konstitution (die Atome und Atomgruppen sind auf gleiche Weise gebunden), aber eine unterschiedliche räumliche Anordnung bestimmter Atome oder Atomgruppen. Um Konfigurationsisomere besser beschreiben und klassifizieren zu können, existieren hauptsächlich zwei Systeme: das cis-/trans- bzw. E-/Z-System und das CIP-System.

cis-/trans- und E-/Z-Isomere

Bei Verbindungen mit einer Doppelbindung wendet man das **cis-/trans-System** an. Es ist heute etwas veraltet, wird aber trotzdem gerne gelehrt und geprüft. Deswegen möchten wir es genau unter die Lupe nehmen. Sehen wir uns als Beispiel das 2,3-Difluorbut-2-en an:

cis-2,3-Difluorbut-2-en (links) und trans-2,3-Difluorbut-2-en (rechts)

Da die Drehbarkeit um die Doppelbindung eingeschränkt ist, sitzt jeder der beiden Substituenten an jedem C-Atom der Doppelbindung entweder oben oder unten auf der Ebene. Das bedeutet, dass ihre Position fest ist. Deshalb gibt es die beiden oben abgebildeten Isomere. Befinden sich die beiden gleichartigen Substituenten auf einer Ebene (beide „oben" oder beide „unten"), handelt es sich um das cis-Isomer. Umgekehrt hat man das trans-Isomer, das heißt die beiden gleichartigen Substituenten sitzen auf zwei verschiedenen Ebenen.

Kapitel 17. Stereochemie

Ein guter Merkspruch wäre: „cis" wie „zusammen" und „trans" wie „transkontinental" (Assoziation „anders, unterschiedlich"). Markiert man sich die gleichartigen Substituenten mit einer bestimmten Farbe (z. B. Methyl-Gruppe dunkelblau, Fluor-Atome schwarz), kann gar nichts mehr schief gehen. Beim trans-Isomer sähe dies folgendermaßen aus:

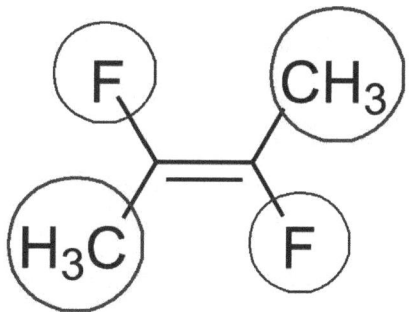

Das cis-/trans-System setzt voraus, dass jedes der beiden C-Atome der Doppelbindung **zwei unterschiedliche Substituenten** hat. Einer der Substituenten an den beiden C=C-Atomen muss allerdings gleich sein, also bei beiden C-Atomen vorkommen. So kann man bestimmen, ob die gleichartigen Substituenten auf einer Ebene sitzen (cis) oder nicht (trans).

Schauen wir uns ein weiteres Beispiel an:

$$\underset{H}{\overset{H_3C}{\diagdown}}C=C\underset{Br}{\overset{F}{\diagup}}$$

Jetzt haben wir das Problem, dass jedes der beiden C-Atome der Doppelbindung zwar zwei unterschiedliche Substituenten hat, die aber alle vier unterschiedlich sind. Man hat also keine gleichartigen Substituenten, anhand derer man das cis-/trans-System anwenden könnte. In diesem Falle zieht man das **E-/Z-System** heran:

Man sieht sich jedes der beiden C-Atome der Doppelbindung separat an. Wir beginnen z. B. mit dem linken C-Atom. Es hat zwei Substituenten: CH_3 und H. Nun muss man entscheiden, welcher der beiden Substituenten eine höhere Priorität (= eine höhere Ordnungszahl) hat. Man vergleicht dabei lediglich die ersten Atome der beiden Substituenten. In unserem Beispiel also C gegen H. Da die Ordnungszahl von C 6 beträgt und von H 1, hat die Methyl-Gruppe die höhere Priorität. Im Abschnitt über die CIP-Nomenklatur in diesem Kapitel wird ausführlicher auf die Bestimmung der Prioritäten von Substituenten eingegangen. Den Substituenten mit der höheren Priorität kann man sich auf einem Schmierblatt markieren, z. B. umranden. Diese Schritte wiederholt man nun beim zweiten C-Atom der Doppelbindung: An ihm sitzen ein F- und ein Br-Atom als Substituenten. Ihre Ordnungszahlen betragen 9 (F) bzw. 35 (Br). Br hat die höhere Priorität, weil seine Ordnungszahl höher als die des Fluors ist. Nun hat man die beiden Substituenten mit höheren Prioritäten identifiziert und markiert. Da sie in unserem Beispiel auf zwei unterschiedlichen Ebenen stehen, handelt es sich um das E-Isomer. E- steht für „entgegen". Stünden die beiden Substiuenten auf der gleichen Ebene, hätten wir das Z-Isomer, denn Z steht für zusammen.

Und jetzt ein komplizierteres Beispiel, das zwar etwas exotisch für die Klausur wäre, aber eine gute Übung ist:

Kapitel 17. Stereochemie

Das linke C-Atom der Doppelbindung sollte keine Schwierigkeiten bereiten: Die höhere Priorität hat das Brom-Atom (Ordnungszahl 35), aufgrund seiner höheren Ordnungszahl im Vergleich zum H-Atom (Ordnungszahl 1). Am rechten C-Atom der Doppelbindung sitzen zwei C-Ketten. Wie muss man nun vorgehen? Man verfolgt die beiden Ketten Atom für Atom, bis man ein unterschiedliches Atom in jeder Kette gefunden hat. Beide Ketten beginnen jeweils mit einem C-Atom (im Kreis markiert), an dem jeweils zwei H-Atome sitzen:

Bis dahin kann man also nicht bestimmen, welche der beiden Ketten (Substituenten) die höhere Priorität haben wird, da alle Atome bisher gleich sind. Die Ketten müssen weiterverfolgt werden. In der unteren Kette folgt nun direkt ein N-Atom, in der oberen ein C-Atom. Das ist der gesuchte **Unterschied**! Man vergleicht jetzt die Ordnungszahlen dieser beiden Atome: C = 6, N = 7. Also hat die untere Kette aufgrund der höheren Ordnungszahl des Stickstoff-Atoms die höhere Priorität.

Man muss sich einprägen, dass man lediglich die Ordnungszahlen der beiden unterschiedlichen Atome miteinander vergleicht und **nicht** die Länge der Ketten, die Summe der Ordnungszahlen aller Atome in jeder Kette o. Ä. Es sieht in der Tat sehr verlockend aus, sofort zu behaupten, dass die obere Kette die höhere Priorität bekommen sollte, da sie offensichtlich länger und voluminöser ist und somit schwieriger aussieht. Allerdings wäre dies, wie man sieht, falsch.

Es handelt sich folglich um ein (E)-Isomer, da die beiden schweren Substituenten auf zwei Ebenen liegen.

Kapitel 17. Stereochemie

Cahn-Ingold-Prelog-System (CIP)

Machen wir uns nun mit dem Cahn-Ingold-Prelog-System vertraut. Es dient der Bestimmung der Konfiguration chiraler C-Atome. Was ist ein chirales C-Atom? Ein C-Atom mit vier verschiedenen Substituenten. Chirale C-Atome bezeichnet man ebenfalls als stereogene Zentren. Sie macht man üblicherweise mit einem Sternchen kenntlich:

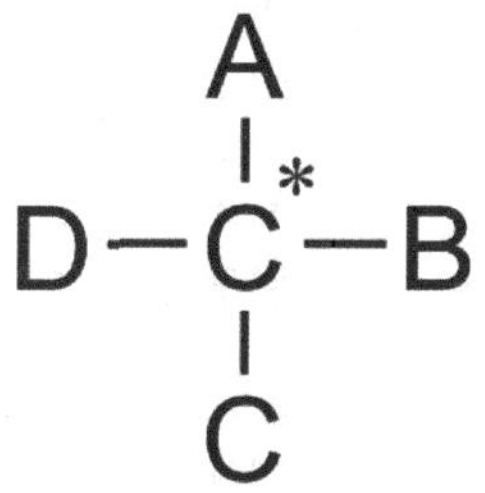

$$D-\overset{\overset{A}{|}}{\underset{\underset{C}{|}}{C^*}}-B$$

Nehmen wir nun ein konkretes Beispiel:

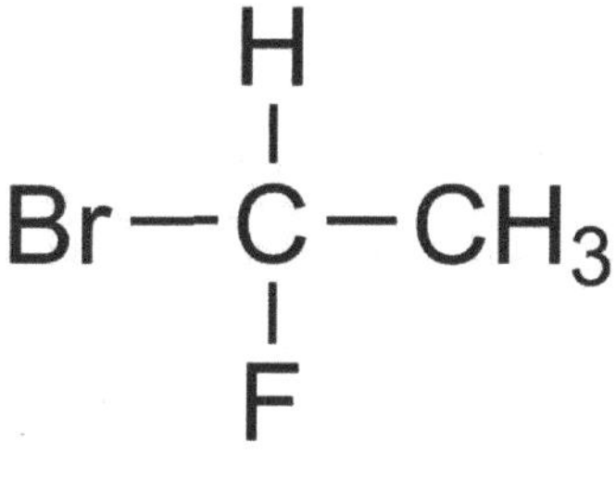

$$Br-\overset{\overset{H}{|}}{\underset{\underset{F}{|}}{C}}-CH_3$$

Da am abgebildeten C-Atom vier verschiedene Substituenten sitzen, handelt es sich um ein chirales C-Atom. Gäbe es im Molekül des 2-Brompentans ein chirales C-Atom?

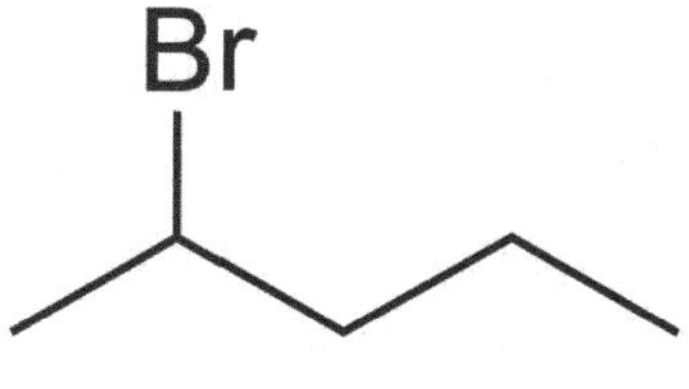

Ja, das zweite C-Atom ist chiral, denn es hat vier verschiedene Substituenten: ein „verstecktes" H-Atom, ein Br-Atom, eine Methyl-Gruppe (links), eine Propyl-Gruppe (rechts). Die ausführliche Darstellung aller Atome liefert Klarheit:

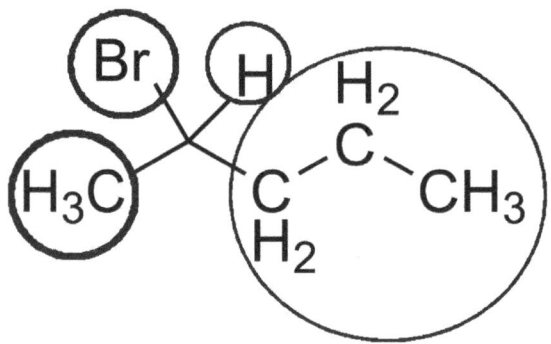

Man muss beachten, dass die Methyl- und Propyl-Gruppen tatsächlich unterschiedlich sind, auch wenn beide mit einem C-Atom beginnen. Denn verfolgt man die Ketten dieser beiden Substituenten weiter, bemerkt man schnell, dass sie sich unterscheiden: Bei der Methyl-Gruppe kommen nach dem C-Atom drei H-Atome, bei der Propyl-Gruppe dagegen lediglich zwei H-Atome und danach ein C-Atom.

Beim CIP-System unterscheidet man zwischen zwei Arten von Konfiguration der C-Atome: R- und S-. Wie bestimmt man, ob es sich um ein R- oder S-konfiguriertes C-Atom handelt?

1. Schritt: Man bestimmt die Prioritäten der vier unterschiedlichen Substituenten am chiralen C-Atom. Dazu vergleicht man von jedem Substituenten die Ordnungszahlen der ersten Atome. In unserem laufenden Beispiel des 2-Brompentans wären dies folglich H, Br, C (von der Methyl-Gruppe) und C (von der Propyl-Gruppe). Das Atom mit der höchsten Ordnungszahl bekommt die höchste Priorität, also 1. Das Atom mit der niedrigsten Ordnungszahl erhält die niedrigste Priorität, also 4. Bei unserem chiralen C-Atom hat Br die höchste Ordnungszahl (35) und bekommt deswegen die 1. Priorität. Das H-Atom erhält die 4. Priorität aufgrund seiner niedrigsten Ordnungszahl. Wie sieht es aber mit den Prioritäten 2 und 3 aus? Sowohl die Methyl- als auch die Propyl-Gruppe beginnen mit einem C-Atom. Offenbar kann man hier die Ordnungszahlen nicht vergleichen, denn es handelt sich um ein und dasselbe Element, nämlich Kohlenstoff. Verfolgt man aber die beiden Ketten weiter — Atom für Atom vergleichend — bis man zwei unterschiedliche Atome hat, stellt man fest, dass jeweils das vierte Atom in jeder dieser beiden Ketten miteinander verglichen werden kann: Die Methyl-Gruppe hat als erstes unterschiedliches Atom ein H-Atom (Ordnungszahl 1) und die Propyl-Gruppe ein C-Atom (Ordnungszahl 6). Deswegen bekommt die Propyl-Gruppe die 2. und damit höhere Priorität und die Methyl-Gruppe die 3. und damit niedrigere Priorität. Wie beim E-/Z-System am Anfang des Kapitels bereits erklärt: Man untersucht die beiden in Frage kommenden Ketten nach dem Prinzip „Atom gegen Atom", bis zwei unterschiedliche Atome auftauchen und man diese miteinander in Bezug auf ihre Ordnungszahlen vergleichen kann.

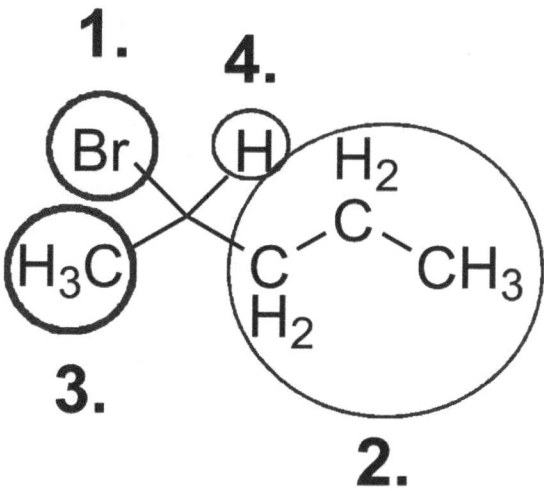

2. Schritt Man setzt die 1. (höchste) Priorität nach „vorne". Dies macht man mit einem Keil. Dies bedeutet auch automatisch, dass die niedrigste Priorität 4 nach hinten zeigt. Kenntlich macht man dies durch gestrichelte Linien. Prinzipiell muss man das aber nicht explizit darstellen, es ist ausreichend, wenn die erste Priorität dargestellt ist.

3.Schritt Man überlegt sich, ob die Drehung Priorität 1 → Priorität 2 → Priorität 3 im Uhrzeigersinn erfolgt (R-Isomer) oder nicht (gegen den Uhrzeigersinn = S-Isomer). Dabei wird die Priorität 4 außer Acht gelaßen! Wichtig ist lediglich 1 → 2 → 3, auch wenn Priorität 4 z. B. zwischen 1 und 2 steht, das ist nicht relevant!

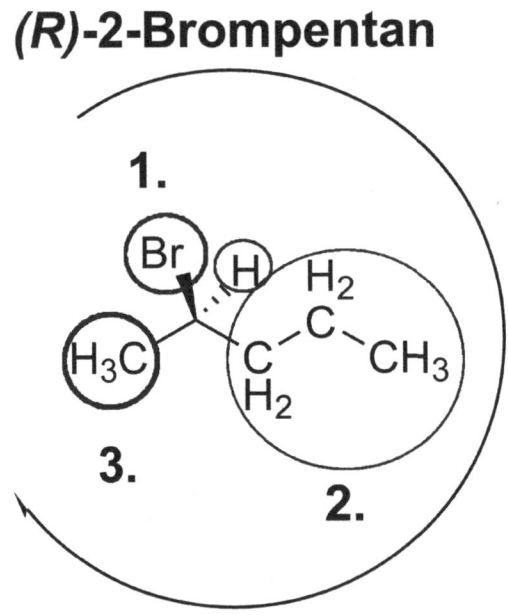

Tipp 1: Wechselt man die Position der 1. Priorität von „nach vorne" (Keil) zu „nach hinten„ zeigend (gestrichelte Linien), ändert sich automatisch auch die Konfiguration des chiralen C-Atoms. Ist das jeweilige chirale C-Atom also bei nach vorne zeigender 1. Priorität R konfiguriert, wird es,

wenn die 1. Priorität nach hinten zeigt, S. Dasselbe gilt auch umgekehrt.

Tipp 2: Zeigt die Priorität 4 nach vorne (und nicht nach hinten wie in den Schritten oben erklärt), bestimmt man die Konfiguration erst einmal ganz normal wie oben erläutert. Am Ende nimmt man aber das Gegenteil der bestimmten Konfiguration (also S anstelle von R oder R anstelle von S), weil die Priorität 4 nach vorne zeigt und nicht die Priorität 1, wie es sein sollte. Alles dreht sich also im Endeffekt darum, ob die Priorität 1 nach vorne zeigt und die Priorität 4 nach hinten. Wenn dies nicht der Fall ist (also wenn Priorität 1 nach hinten zeigt bzw. Priorität 4 nach vorne — „entgegen der Gesetze"), nimmt man das Gegenteil der bestimmten Konfiguration.

Aufgabe: Zeichnen Sie das S-Isomer des Metoprolols

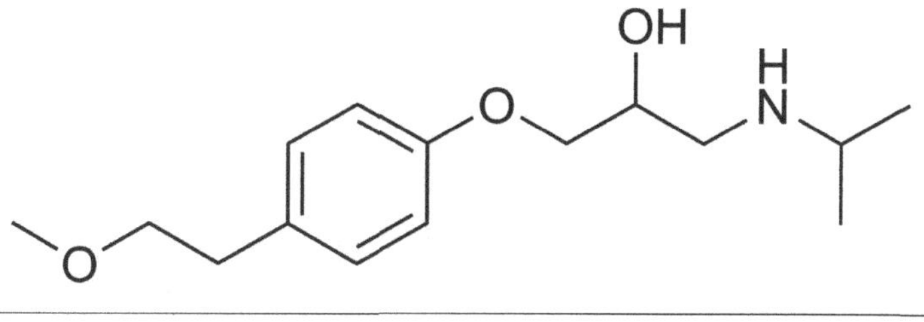

Lösung:

1. Als erstes identifizieren wir das chirale C-Atom. Dabei ist es hilfreich, sich vor Augen zu führen, dass chirale C-Atome niemals Doppel- oder Dreifachbindungen ausbilden! Ein chirales C-Atom hat vier unterschiedliche Substituenten, wobei ein C-Atom mit einer Doppelbindung drei Substituenten besitzt und eines mit einer Dreifachbindung sogar nur zwei. Somit fallen alle C-Atome im Phenyl-Ring aus, da jedes davon eine Doppelbindung hat.

Zudem ist es nützlich, sich zu überlegen, wie viele H-Atome am jeweiligen C-Atom sitzen. Sind es mehr als eines, kann es schon einmal kein chirales C-Atom sein, da keine vier unterschiedlichen Substituenten. Damit sind auch das C-Atom der Methyl-Gruppen (3 H-Atome), das C-Atom der Methoxy-Gruppe CH_3O (3 H-Atome) und die C-Atome der Methylen-Gruppen CH_2 nicht chiral, da sie alle mehr als ein H-Atom haben. Das C-Atom, an dem die OH-Gruppe sitzt, ist aber chiral! Die 4 unterschiedlichen Substituenten sind: OH-Gruppe, H-Atom, sowie die beiden seitlichen Reste:

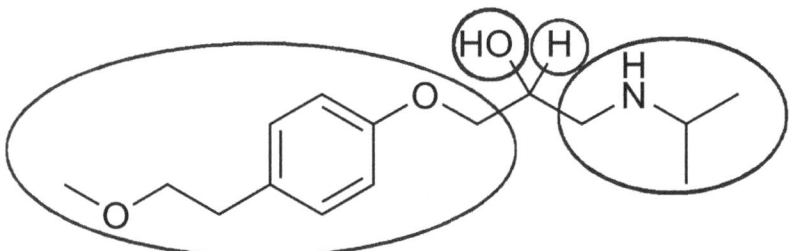

2. Wir bestimmen die Prioritäten (wie oben erklärt) und vergleichen die Atome O, H und C bezüglich ihrer Ordnungszahlen. Die höchste Priorität bekommt die OH-Gruppe, da die Ordnungszahl des O-Atoms am höchsten ist (8). Die niedrigste Priorität bekommt das H-Atom, da kleinste Ordnungszahl (1). Die beiden C-Ketten beginnen mit einem C-Atom, also muss man sich die jeweiligen nächsten Atome in jeder Kette anschauen, um das erste unterschiedliche Atom in jeder Kette mit dem in der anderen vergleichen zu können. Bei der Kette rechts sitzen am C-Atom zwei H-Atome, genau wie bei der linken Kette. Danach hat man aber die unterschiedlichen Atome: N (Ordnungszahl 7) rechts und O (Ordnungszahl 8) links! Somit bekommt die linke Kette aufgrund der höheren Ordnungszahl des O-Atoms die höhere Priorität 2, die rechte Kette die Priorität 3.

3. Wir setzen die Priorität 1 nach vorne mit einem Keil.

4. Wir schauen uns die Bewegung Priorität 1 → 2 → 3 an und beachten dabei die 4. Priorität gar nicht. Die Drehung erfolgt gegen den Uhrzeigersinn. Demnach handelt es sich hierbei um das (gesuchte) S-Isomer des Metoprolols.

Würde man nach dem R-Isomer fragen, bräuchten wir also die Gegenkonfiguration. Dafür müsste man einfach die Priorität 1 nach hinten setzen, indem man sie mit gestrichelten Linien darstellt.

Fischer-Nomenklatur

Die Fischer-Nomenklatur wird heutzutage v. a. in der Biochemie angewendet, bei Monosacchariden (Einfachzuckern) und (Amino-)Säuren. In der üblichen Chemie wird die Bestimmung der absoluten Konfiguration nach CIP bevorzugt. Dennoch ist es wichtig, sich mit der Fischer-Nomenklatur auszukennen. Bei ihr unterscheidet man zwischen dem D- (dexter, rechts) und dem L-Isomer (laevo, links).

Emil Fischer ging vom Glyceraldehyd aus:

```
      H   O
       \ //
        C
        |
      * ⊢OH
        |
        ⊢OH
```

Das einzige chirale C-Atom im Molekül ist das zweite, an dem vier unterschiedliche Substituenten sitzen: Formyl-Funktion (Aldehyd-Funktion), Wasserstoff-Atom (nicht abgebildet, wäre links gegenüber der OH-Gruppe), Hydroxy-Funktion und C-Atom (unten). Da die OH-Gruppe „rechts" steht, beschloss er, dass es sich hierbei um die D-Form des Moleküls handelt. Das L-Glyceraldehyd würde demnach so aussehen: .

```
      H   O
       \ //
        C
        |
   HO─┤
        |
        ⊢OH
```

Die OH-Gruppe ist auf der linken Seite am chiralen C-Atom, deswegen L-Glyceraldehyd. Die Fischer-Projektion wird üblicherweise so dargestellt:

Kapitel 17. Stereochemie

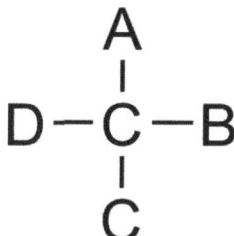

Per definitionem zeigen die beiden Substituenten oben und unten nach hinten weg, die seitlichen nach vorne. Demnach kann die Fischer-Projektion ausführlicher so dargestellt werden:

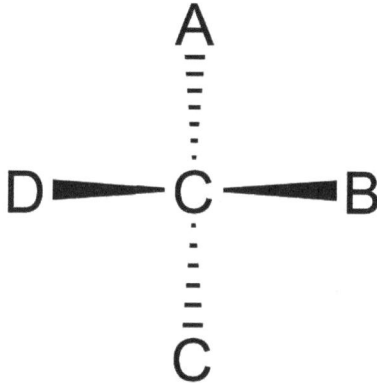

Dies muss man nicht unbedingt machen — die Position der seitlichen Substituenten nach vorne und die der oberen/unteren nach hinten weg ist selbstverständlich und muss deshalb nicht unbedingt mit Keilen bzw. gestrichelten Linien kenntlich gemacht werden.

Wie bestimmt man die Fischer-Konfiguration bei **Monosacchariden**? Prinzipiell geht es hier nicht darum, die Strukturformeln der Zucker auswendig zu lernen, sondern sich klarzumachen, wie man D-/L- bestimmt. Schauen wir uns deswegen zunächst die Strukturformel der Glucose (Traubenzucker) an, eines Monosaccharids:

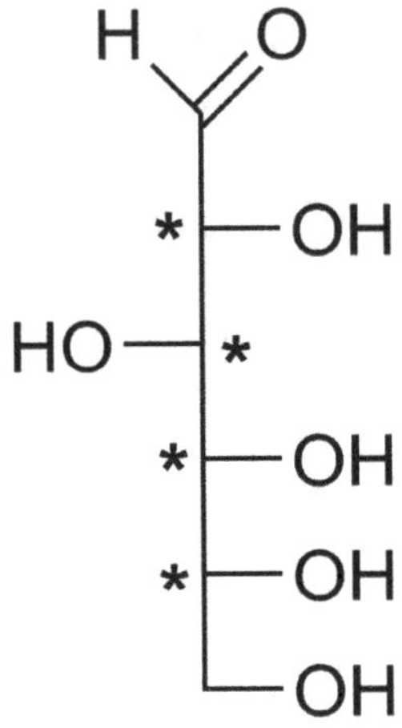

$$\begin{array}{c}
\text{H}\diagdown\text{O}\\
\text{C}\\
*\!\!-\!\!\text{OH}\\
\text{HO}\!-\!*\\
*\!\!-\!\!\text{OH}\\
*\!\!-\!\!\text{OH}\\
-\text{OH}
\end{array}$$

Als Erstes sucht man alle chiralen C-Atome und macht sie wie üblich mit einem Asterisk * kenntlich. Dies sind C-Atome 2, 3, 4 und 5. An jedem davon sitzt ein H-Atom (nicht abgebildet), eine OH-Gruppe sowie zwei C-Ketten („oben" und „unten"), also vier unterschiedliche Substituenten:

Kapitel 17. Stereochemie

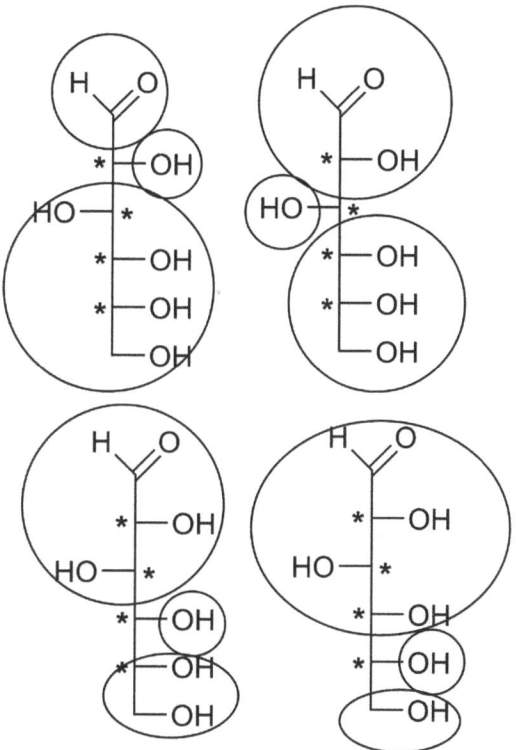

Danach konzentriert man sich auf das letzte **chirale** C-Atom. Dies ist in unserem Beispiel C5. Anschließend überlegt man sich, ob die OH-Funktion rechts oder links steht. Beim Beispiel steht sie rechts, demnach handelt es sich hierbei um die D-Glucose. Die Bestimmung der Fischer-Konfiguration bei Monosacchariden ist also ziemlich einfach und wird von der Position der OH-Gruppe (rechts = D-Isomer, links = L-Isomer) am letzten **chiralen** C-Atom abhängig gemacht. Generell könnte man sich merken, dass die meisten Monosaccharide D-konfiguriert sind, aber nicht alle!

Wie bestimmt man die Fischer-Konfiguration bei α-**Aminosäuren**? Aminosäuren sind Verbindungen, die eine Säure-Funktion (Carboxy-Gruppe) und eine Amino-Funktion (Amino-Gruppe) am α-C-Atom haben. (Zum α-C-Atom

s. Kapitel *Aldehyde und Ketone*.) Die allgemeine Formel der Aminosäuren in der Fischer-Projektion sieht folgendermaßen aus:

$$\begin{array}{c} \text{COOH} \\ \text{H}_2\text{N}-\!\!\!\!\!\!\!\!\!\!-\text{H} \\ \text{R} \end{array}$$

Hier macht man D- und L- von der Position der Amino-Gruppe abhängig. Da sie links steht, handelt es sich hierbei um eine L-konfigurierte Aminosäure. Alle proteinogenen Aminosäuren im menschlichen Organismus sind L-α-Aminosäuren. Das heißt, dass die Amino-Gruppe am α-C-Atom sitzt (deswegen α-) und L-konfiguriert nach Fischer ist!

Weiteres zum Thema Stereochemie

Jetzt wo wir alle wichtigen Nomenklaturen kennengelernt haben, lohnt es sich, ein paar Beispiele durchzugehen. Fangen wir mit einer Form der Weinsäure an, einem „Klassiker":

$$\begin{array}{c} \text{COOH} \\ *-\!\!\!\!\!\!\!\!\!\!-\text{OH} \\ *-\!\!\!\!\!\!\!\!\!\!-\text{OH} \\ \text{COOH} \end{array}$$

Weinsäure (2,3-Dihydroxybutandisäure/2,3-Dihydroxybernsteinsäure)

Wir möchten hier die absolute Konfiguration nach CIP aller chiralen C-Atome bestimmen. Chiral sind die beiden C-Atome in der Mitte, also C2 und C3. Bei dem Molekül kann man mit der Nummerierung natürlich entweder bei der oberen oder der unteren Carboxy-Funktion anfangen, da es symmetrisch ist.

Bestimmen wir nun die Konfiguration des oberen C-Atoms. Man fängt wie oben erklärt mit den Prioritäten an. Die vier Substituenten sind die OH-Gruppe, das H-Atom (nicht dargestellt), die COOH-Gruppe und die C-Kette unten. Priorität 1 bekommt die OH-Funktion, da die Ordnungszahl des O-Atoms größer als die von H und C ist. Die niedrigste Priorität (4) bekommt das H-Atom. Nun muss man sich die beiden Substituenten ansehen, die mit jeweils einem C-Atom anfangen. Die höhere Priorität (=2) bekommt natürlich die Carboxy-Gruppe, da nach dem C-Atom sofort ein O-Atom folgt, wobei bei der anderen Kette ein H-Atom folgt. Nun muss man sich überlegen, wie es mit der „Drehung" (Priorität 1 → Priorität 2 → Priorität 3, im Uhrzeigersinn oder dagegen?) aussieht. Bei diesem C-Atom könnte man sich für S entscheiden, da die Drehung 1 → 2 → 3 gegen den Uhrzeigersinn erfolgt. Hier muss man aber Folgendes beachten: Der schwerste Substituent (Priorität 1, also OH-Gruppe) zeigt zwar nach vorne (vergl. Text zur Fischer-Projektion oben), da er seitlich steht. Dies trifft aber auch auf den Substituenten mit der niedrigsten Priorität zu, das H-Atom. Er sollte aber nach hinten zeigen. Da er nun nach vorne zeigt, nimmt man einfach die Gegenkonfiguration, also nicht S sondern R.

Beim unteren chiralen C-Atom erfolgt die Bestimmung der Konfiguration identisch. Die Prioritäten sind gleich: OH - 1, COOH - 2, C-Kette nach oben 3, H - 4. Es handelt sich um ein S-konfiguriertes C-Atom (nicht R trotz Drehung im Uhrzeigersinn, da die Priorität 4 nach vorne zeigt und nicht nach hinten, wie es sein sollte).

Dieses Beispiel verdeutlicht, dass man bei der Bestimmung nach CIP in der Fischer-Projektion immer äußerst vorsichtig sein muss bei der Position der Substituenten und niemals vergessen darf, dass die seitlichen Gruppen immer nach vorne zeigen.

Enantiomere, Diastereomere, Epimere

Häufig muss man in Klausuren zwischen den o. g. Begriffen unterscheiden. Enantiomere verhalten sich wie Bild und Spiegelbild. Um Enantiomere handelt es sich, wenn das eine Isomer eine bestimmte Konfiguration nach CIP hat und das andere Isomer (Enantiomer) die genaue Gegenkonfiguration. Nehmen wir an, in einem Molekül gibt es ein einziges chirales C-Atom. Das eine Enantiomer ist dann S-konfiguriert, das andere R. Sind dagegen drei chirale Zentren im Molekül vorhanden, z. B. an den C-Atomen 1, 3 und 5, wären diese hier ein paar mögliche Enantiomere:

- 1S, 3S, 5S und 1R, 3R, 5R

- 1S, 3R, 5S und 1R, 3S, 5R

- 1S, 3R, 5R und 1R, 3S, 5S , etc.

Also immer alles nach dem Prinzip: „1Konfiguration, 3Konfiguration, 5Konfiguration und 1Gegenkonfiguration, 3Gegenkonfiguration, 5Gegenkonfiguration."

Diastereomere sind keine Enantiomere, d. h. bei den beiden Isomeren muss mindestens eine Konfiguration gleich sein, alle anderen können nach dem Prinzip Konfiguration-Gegenkonfiguration vorkommen. Somit wird klar, dass Diastereomere nur vorliegen können, wenn mehr als ein chirales C-Atom im Molekül vorhanden ist. Wenn ein Molekül z. B. an den Positionen 2, 5 und 6 chirale C-Atome hat, könnten ein paar der möglichen Diastereomere z. B. so aussehen:

- 2S, 5R, 6R und 2S, 5S, 6R (Positionen 2 und 6 gleich, Position 5 unterschiedlich)

- 2S, 5R, 6R und 2R, 5R, 6S (Position 5 gleich, Positionen 2 und 6 unterschiedlich)

Kapitel 17. Stereochemie

- 2S, 5R, 6R und 2R, 5S, 6R (Position 6 gleich, Positionen 2 und 5 unterschiedlich), u. v. m.

Epimere sind eine Unterklasse der Diastereomere. Sie sind Diastereomere, die sich an der Konfiguration von **einem einzigen** chiralen C-Atom unterscheiden, alle anderen chiralen C-Atome sind gleich konfiguriert. Typische Beispiele sind manche Monosaccharide (z. B. Glucose und Galactose):

Glucose und Galaktose unterscheiden sich lediglich in der Konfiguration des vierten C-Atoms

Generell dürfen Epimere selbstverständlich als Diastereomere bezeichnet werden. Der Begriff Epimerie wird heutzutage v. a. in der Biochemie angewendet (bei Monosacchariden) und wurde hier nur der Vollständigkeit halber eingeführt.

Da die Stereochemie ein durchaus wichtiges Thema ist, empfiehlt es sich an dieser Stelle, allerlei biologisch wichtige Substanzen (Hormone, Neurotransmitter, Medikamente etc.) im Internet zu recherchieren und ihre Stereoisomere (Strukturformeln) nachzuschauen. Damit lässt sich die Bestimmung von R-/S- bzw. D-/L- gut üben.